BIBLIOTHÈQUE DES CONNAISSANCES UTILES

LES ARBRES FRUITIERS

G. Ad. BELLAIR

PROFESSEUR A LA SOCIÉTÉ D'HORTICULTURE ET AU COLLÉGE DE COMPIÈGNE
ANCIEN ÉLÈVE DE L'ÉCOLE NATIONALE D'HORTICULTURE DE VERSAILLES

LES ARBRES FRUITIERS

AVEC 132 FIGURES INTERCALÉES DANS LE TEXTE

L'ARBRE - LE SOL — LES OUTILS
LES PROCÉDÉS DE CULTURE
LA VIGNE — LE POIRIER — LE POMMIER — LE PÊCHER
L'ABRICOTIER — LE CERISIER, ETC.
LA RESTAURATION DES ARBRES FRUITIERS
LA CONSERVATION DES FRUITS

PARIS

LIBRAIRIE J.-B. BAILLIÈRE et FILS
19, RUE HAUTEFEUILLE, PRÈS DU BOULEVARD SAINT-GERMAIN

1891

A M. HARDY

DIRECTEUR DE L'ÉCOLE NATIONALE D'HORTICULTURE DE VERSAILLES

PROFESSEUR D'ARBORICULTURE FRUITIÈRE

HOMMAGE RESPECTUEUX

SON ÈLÉVE

G. Ad. BELLAIR

PRÉFACE

Dans ce *Traité élémentaire d'arboriculture fruitière*, nous avons décrit tout ce dont la connaissance s'impose à quiconque aborde l'étude de cette
partie du jardinage.

Contre le reproche qui pourrait nous être
adressé d'avoir fait une large part à cette partie
que les botanistes appellent la *physiologie,* c'est-à-
dire le fonctionnement de la vie des arbres, nous
répondrons hardiment qu'il serait à désirer que
cette part fût plus large encore. Dans la culture, il
arrive trop souvent, en effet, que de timides tâton-
nements sont tentés en pure perte, que des erreurs
sont commises, à cause de notre connaissance
négative ou imparfaite des phénomènes de la vie
végétale. On agit par intuition, mais l'intuition
n'est pas un guide certain.

Les praticiens, par exemple, nous enseignent
que l'effeuillage des arbres, en démasquant les

fruits, procure à ceux-ci une coloration plus vive ; mais la physiologie nous démontre que la feuille nourrit le fruit déjà formé et prépare les fructifications futures. Supprimer les feuilles d'une façon trop sévère ou irraisonnée, c'est donc vouer l'arbre à une stérilité entière ou relative. De là ces précautions, ces soins qu'il faut prendre dans la pratique de l'effeuillage.

Voici les raisons qui nous ont fait introduire des notions de physiologie végétale dans ce livre. Ajoutons que cette science est appelée à changer bien des choses en culture, à provoquer l'apparition de bien des découvertes utiles, de bien des rapports inattendus.

« Pour découvrir des idées nouvelles, des rapports imprévus, il ne suffit pas, dit Claude Bernard, de ramasser des analogies superficielles, des analogies de forme et d'aspect, il faut pénétrer profondément dans la contexture des choses et des êtres. »

Certes, nous avons encore beaucoup à faire pour découvrir sous les écorces des plantes tous ces secrets de structure et de mouvement vital qui nous seraient d'un si grand secours en culture.

Cela n'est pas une raison pour que nous laissions ce qui est connu dans l'ombre.

Quelques praticiens intransigeants nient la théorie, mais ils ne nient pas toute théorie ; ils en ont une à eux, invraisemblable et brève, expliquant tout à l'aide de quelques formules : « C'est la sève, disent-ils ; c'est le vent, c'est la lune » ; et ils vont ainsi, faisant de la science comme Sganarelle faisait de la médecine.

Dans son cours oral de l'École d'Horticulture de Versailles, M. Hardy, notre vénéré professeur, s'est exprimé en termes formels sur cette question :

« *Pour que la taille des arbres soit bien exécutée, il faut qu'elle repose sur les données de la physiologie végétale* ».

C'est assez qu'un pareil maître ait dit cela et nous n'avons plus besoin de donner d'autres raisons des études physiologiques contenues ici.

En résumé, l'étude de l'arboriculture fruitière ne doit pas consister seulement à apprendre par cœur certaines formules de taille qui peuvent être bonnes cependant dans la majorité des cas.

Il faut, connaissant d'ailleurs les formules admises, étudier de plus près nos arbres, les observer, les scruter en quelque sorte, et les traiter ensuite selon leur nature, leur constitution, leurs aptitudes.

C'est pénétré de cette opinion et dans cette constante disposition d'esprit que nous avons écrit « *Les arbres fruitiers* ».

En ce qui concerne la partie technique, nos éditeurs ont beaucoup simplifié notre tâche ; ils ont tenu, pour éviter de fastidieuses descriptions, à ajouter au texte un grand nombre de figures. Le dessin d'une partie de ces figures nous a été confié.

Toutes ces figures montrent d'un seul coup ce qu'une longue description ne saurait exprimer aussi bien ni aussi rapidement. Elles faciliteront beaucoup la vive compréhension du texte, surtout à l'amateur nouveau, peu initié aux choses de l'arboriculture, et à l'enfant des écoles, moins initié encore.

GEORGES-AD. BELLAIR.

Compiègne, août 1890.

TABLE DES MATIÈRES

Iʳᵉ PARTIE

ARBORICULTURE GÉNÉRALE

CHAPITRE Iᵉʳ

OBJETS MATÉRIELS DE CULTURE

Article 1ᵉʳ. — L'ARBRE FRUITIER

Article 2. — LE SOL   24

Article 3. — LES OUTILS DE CULTURE   34

CHAPITRE II

PROCÉDÉS DE CULTURE

IIe PARTIE

CULTURES SPÉCIALES

CHAPITRE Ier

FRUITS BAXIFORMES

CHAPITRE II

FRUITS DRUPACÉS A PÉPINS

LES ARBRES FRUITIERS

PREMIÈRE PARTIE
ARBORICULTURE GÉNÉRALE

Les Arbres fruitiers. — Les *Arbres fruitiers* sont des végétaux ligneux munis d'une tige ou tronc dont la hauteur dépasse toujours celle d'un homme. Ils produisent des fruits comestibles. Exemple : la pêche, la poire.

Certains végétaux ligneux également, et qui produisent aussi des fruits comestibles, ont de très faibles dimensions : 1 mètre, 1 m. 50, 2 mètres. On les désigne sous le nom d'*arbustes fruitiers ;* ils n'ont généralement point de tronc. Exemple : les groseillers.

L'ensemble des connaissances grâce auxquelles on peut avec profit faire produire les meilleurs fruits aux arbres s'appelle *arboriculture fruitière,* mot à mot : culture des arbres fruitiers.

Les principaux facteurs de la culture des arbres fruitiers sont de deux sortes : les premiers sont des *objets matériels,* comme la terre, l'arbre, etc.; les autres sont des moyens, des *procédés de culture,* comme le greffage.

Objets matériels de culture. — Au premier rang, se place l'*arbre fruitier* lui-même, puis le *sol,* les *clôtures,* les *chaperons,* les *abris,* les *treillages,* l'*eau.* Tout cela, disposé dans un certain ordre et selon certaines règles, constitue le JARDIN FRUITIER PROPREMENT DIT.

Viennent ensuite les *amendements* et les *fumures,* les *outils de culture,* et surtout les *outils de taille.*

Procédés de culture. — Les procédés de culture sont très nombreux ; ils ont pour but de modifier l'état des objets matériels au profit du résultat final : la fructification des arbres qu'il faut viser constamment. Ainsi, le drainage est un procédé de culture ; par lui on modifie l'état d'un sol trop humide, on diminue cette humidité au profit des arbres qui ne sauraient se développer dans des terrains trop imprégnés d'eau.

Les principaux procédés de culture sont :

La *multiplication des arbres*, qui permet d'augmenter le nombre des individus et des variétés;

L'assainissement ou *drainage*, l'*ameublissement du sol*, son *aménagement* en jardin fruitier;

La *plantation* et ses opérations accessoires, la *taille* et la *direction des arbres*, l'entretien annuel *du jardin*.

CHAPITRE PREMIER

OBJETS MATÉRIELS DE CULTURE

ARTICLE PREMIER. — **L'Arbre fruitier**

SES PRINCIPAUX ORGANES ET LEUR FONCTIONNEMENT

Pendant fort longtemps, la culture des arbres fruitiers a été surtout un art empirique, ne s'appuyant que fort peu sur les connaissances de la vie organique des végétaux.

Beaucoup de jardiniers ne considèrent encore que l'extérieur des arbres ; « le fond leur échappe sans cesse ; ils ne voient, ne touchent que des formes, des écorces ».

Il y a cependant, sous cette écorce, une machine compliquée dont les organes et les fonctions contribuent, dans une puissante mesure, à la fructification de l'individu.

Un arbre est un être vivant composé d'organes ou appareils, dont le fonctionnement est indispensable ou seulement utile à la vie végétale. Si donc nous étudions les organes végétaux et leurs fonctions, nous pourrons voir quels sont ceux de ces organes ou celles de ces fonctions sur lesquels notre action s'impose, et dans quel sens cette action doit être exercée.

Les principales parties de l'arbre qu'il nous faut étudier pour cela sont :

1° La *racine*, chargée de prendre, pour les transmettre à la plante entière, ses principaux aliments ;

2° La *tige et les branches*, sorte de système de canalisation disposé pour la circulation du liquide nourricier ;

3° La *feuille*, appareil par lequel la plante assimile, respire et transpire ;

4° La *fleur*, réunion d'organes de la génération dont le rôle naturel est d'assurer la reproduction de l'espèce, et le rôle artificiel celui de nous procurer le fruit ;

5° Le *fruit*, enveloppe protectrice de la graine et, généralement, chez les arbres fruitiers, partie comestible.

La Racine. — La racine est la partie souterraine de l'arbre ; son caractère particulier est de

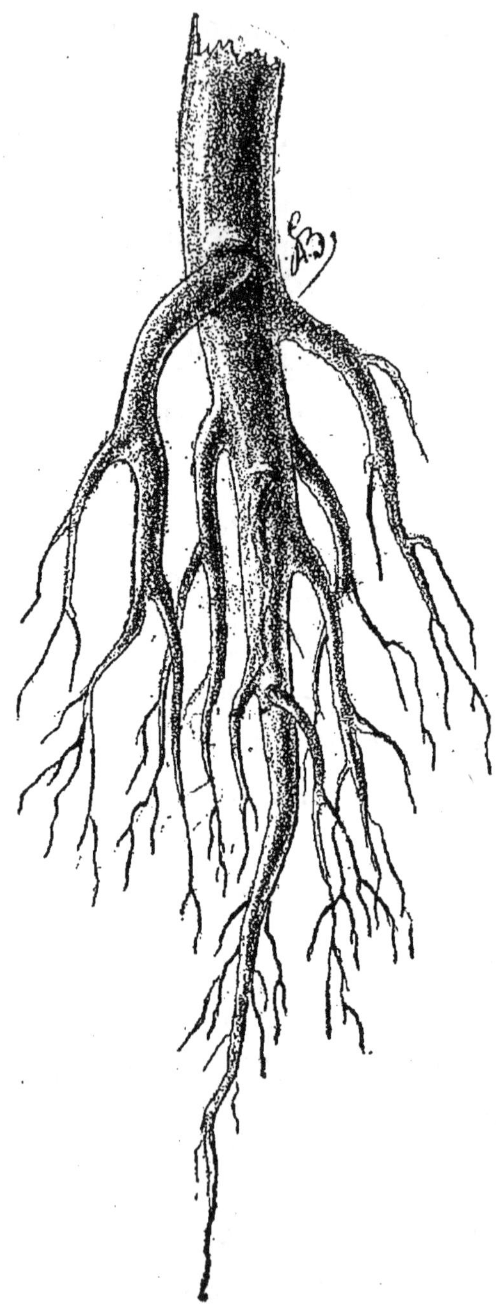

Fig. 1. — Racine pivotante.

croître constamment de haut en bas et de ne point porter de feuilles ni d'organes foliacés; elle est chargée de saisir dans le milieu où elle plonge, pour les transmettre à la plante entière, les principaux aliments de celle-ci.

La racine est *pivotante* (fig. 1) quand sa partie principale, longue, pousse droit, de haut en bas, et s'enfonce profondément dans le sol (poirier franc, amandier, pêcher, etc.);

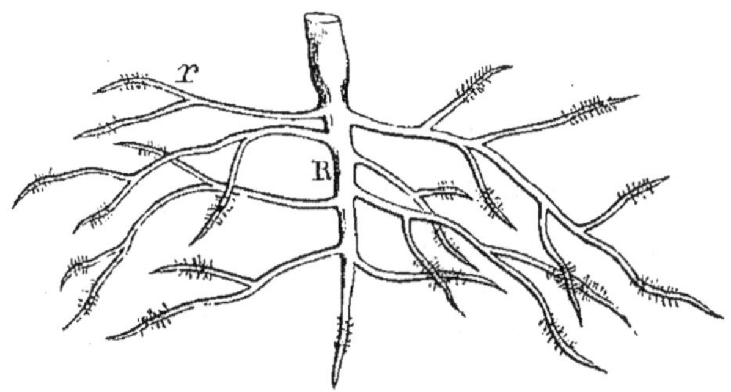

Fig. 2. — Racine traçante ou fasciculée.

Quand la partie principale est restée courte et que ses ramifications secondaires, poussant obliquement sur les côtés, ont pris beaucoup d'extension, on donne à tout ce système le nom de racine *traçante* ou *fasciculée* (fig. 2) : cognassier, vigne, framboisier.

Si l'on place une branche de vigne dans certaines conditions de chaleur et d'humidité, ce rameau émet des racines ; on leur donne le nom de *racines adventives*, ainsi qu'à toutes celles qui naissent dans les mêmes conditions.

Les racines se ramifient plus où moins, selon les circonstances ou les milieux. On a constaté que c'est seulement par les parties extrêmes et jeunes de leurs dernières divisions que se fait l'absorption de l'eau du sol et des aliments dissous dans cette eau. Il y a donc intérêt pour l'arbre : 1° à favoriser la multiplication infinie de ses racines ; 2° à hâter l'allongement rapide des dernières ramifications de celles-ci, de manière que ces extrémités absorbantes soient toujours jeunes. On obtient ces résultats par l'ameublissement du sol, l'habillage des racines, les transplantations successives, l'application des engrais, etc. (Voyez plus loin ces questions.)

La Tige et ses ramifications. — La tige est la partie droite et cylindrique qui relie les racines aux régions élevées de l'arbre. La tige est nue jusqu'à une certaine hauteur, où elle commence à se ramifier en subdivisions ayant la même constitution anatomique.

Ces subdivisions sont les *branches*. La racine, la tige et les branches constituent un vaste système de canaux disposé pour la circulation des liquides nourriciers.

Une tige naissante porte sur sa surface des sortes d'organes que les botanistes appellent *bourgeons* et que les jardiniers appellent *yeux*. C'est surtout quand la tige de nos arbres a atteint sa hauteur normale que les yeux avoisinant son sommet commencent à s'allonger en branches. Si l'on voulait que les branches se développassent plus bas, il faudrait abaisser le sommet végétatif de la tige au point où l'on désirerait provoquer ce développement. Abaisser le sommet végétatif d'une tige en un point donné, c'est tronçonner la tige en ce point, qui doit toujours être marqué par la présence d'un bourgeon. On peut aussi déplacer le sommet végétatif d'une branche naissante ou ancienne, et cette opération est une des pratiques les plus fréquentes de l'arboriculture, celle sur laquelle reposent à la fois et l'obtention des formes et celle des fruits.

Il est bon de savoir aussi qu'il existe une certaine solidarité entre les branches d'un arbre et les ramifications souterraines correspondantes.

Si l'on coupe, par exemple, le pivot d'une racine en même temps que l'on provoque la ramification de ce pivot, on facilite aussi la ramification de la tige du sujet. Si c'est une racine latérale que l'on retranche, les branches du sujet situées du même

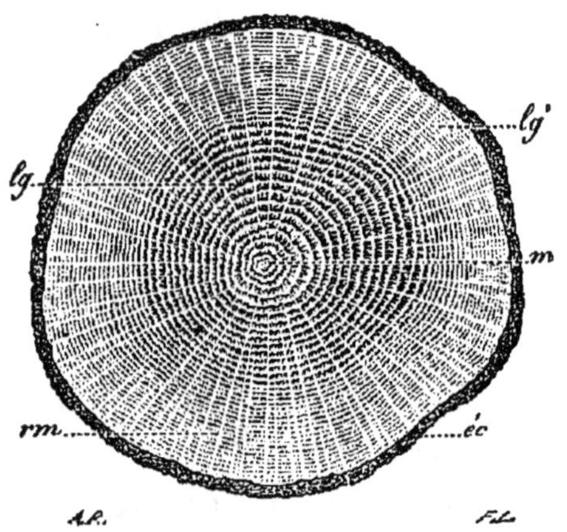

Fig. 3. — Coupe transversale d'une jeune tige, *m.* moelle ; *lg, lg'* masse du bois formée de couches ligneuses ou annuelles concentriques, à travers lesquelles se dessinent des lignes plus claires tracées par les rayons médullaires, *rm ; ec,* l'écorce entière.

côté que la racine amputée éprouvent un ralentissement très prononcé de croissance. Ces connaissances, dues aux observations de Payer, peuvent aussi donner lieu à des pratiques horticoles d'une haute importance.

Quand on étudie la coupe transversale d'une jeune tige d'arbre (fig. 3), on remarque, au milieu, l'*étui de la moelle* ; puis, en allant vers la circonférence, et disposés concentriquement, le *corps ligneux*, l'*aubier*, la *couche génératrice* et l'*écorce*.

C'est par la couche génératrice que se fait la croissance de la tige en diamètre. Toutes ces parties sont formées par l'agrégation intime de petites poches (*cellules*), ou de tubes plus ou moins longs (*vaisseaux, fibres*). Le liquide nourricier absorbé par les racines, la *sève brute*, comme on l'appelle encore, monte à travers le tissu du corps ligneux et de l'aubier. La *sève élaborée*, ou *sève plastique*, circule par la couche génératrice.

Les principaux facteurs de l'ascension et de la circulation de la sève sont la pression ascendante des liquides absorbés par endosmose, la capillarité des tissus ligneux, l'imbibition de ces tissus, la transpiration des parties aériennes, le passage d'une température à une autre plus chaude et la formation de nouveaux organes tels que rameaux, feuilles, etc.

Le jardinier peut avoir une action au moins sur certains de ces facteurs et activer ou ralentir à son gré ces phénomènes, selon qu'il veut hâter ou diminuer la croissance de l'arbre.

La manifestation de l'endosmose, par exemple, ainsi que l'imbibition cellulaire, sont liés à l'état hygrométrique du sol. Dans un sol sec, l'endosmose et l'imbibition sont moindres que dans un sol qui vient d'être humidifié par un arrosage.

La transpiration des parties aériennes peut être accélérée par un aérage plus large et une insolation plus puissante ; de là l'utilité de cultiver certaines espèces à des expositions particulières ; de là aussi l'importance qu'il y a à laisser et à maintenir entre les branches, quelle que soit leur nature, un certain écartement.

La Feuille. — On appelle *feuilles* ces organes plats, ces sortes de lames vertes que portent les plantes. Chez tous nos arbres fruitiers, les feuilles sont soutenues par un support appelé *queue* ou *pétiole*.

Les feuilles des plantes remplissent surtout trois fonctions : *elles respirent, elles assimilent, elles transpirent.*

Dans son épaisseur, la feuille contient des sortes de petites chambres aériennes (*chambres respira-*

toires), qui communiquent avec l'extérieur par des ouvertures dites *stomates*.

Sous l'action de la lumière, l'air des chambres respiratoires est modifié : il abandonne le carbone de son acide carbonique au profit de l'arbre, alors que son gaz oxygène, mélangé d'une très minime quantité d'acide carbonique, est rejeté. Si la feuille est faiblement éclairée, l'oxygène exhalé diminue, l'acide carbonique augmente. Dans l'obscurité complète, la feuille n'exhale plus que de l'acide carbonique. Ainsi, la respiration diurne des feuilles correspond à un gain de carbone, c'est-à-dire à une augmentation de la masse de l'arbre, mais si la lumière est moins vive, diffuse, ce gain, cette augmentation de la masse décroissent. L'importance de l'illumination, dans la culture des arbres, est donc capitale ; c'est en partie pour cela que les arboriculteurs ont entrepris de diriger les arbres fruitiers sous une forme régulière et de régler, d'une manière précise, la distance qui doit séparer leurs différentes branches.

Les feuilles sont encore des organes de transpiration, c'est-à-dire que la sève arrivée dans leurs tissus y perd, par évaporation, une partie de son aquosité. Il se produit ainsi, dans les régions élevées de l'arbre, des vides qui appellent sans cesse la sève brute des régions inférieures, c'est-à-dire l'eau terrestre que puisent les racines. A ce second titre, l'arboriculteur doit être très circonspect dans l'application des procédés de culture qui entraînent sur les arbres la suppression d'une certaine quantité de feuilles.

La dernière fonction de la feuille, la plus importante peut-être, est la fonction d'assimilation. C'est à la suite de cette fonction que les matières minérales contenues dans la sève brute sont métamorphosées en éléments organiques, tels que *fécule, amidon, sucre, albumine végétale,* etc. Ces matières organiques, qui se dissolvent dans l'eau de constitution des plantes, circulent avec elle sous le nom de *sève plastique, sève élaborée,* en passant par les couches génératrices des branches et de la tige. La sève élaborée, qui se dissémine dans tout l'arbre pour suffire à son accroissement général, s'amasse surtout dans certains organes tels que boutons à fruit, fleurs, fruits, graines. Les feuilles préparent donc la fructification des arbres, mais leur travail d'assimilation ne s'effectue qu'autant qu'elles sont bien vertes et influencées par une chaleur et une lumière assez considérables.

Ces connaissances nous démontrent une fois de plus l'importance des feuilles et l'inconvénient grave qu'il y aurait à en réduire le nombre d'une manière trop radicale. Il semble établi, au contraire, que nous devons surtout chercher à augmenter la surface des branches, et par conséquent le nombre des feuilles, afin qu'en le moins de temps possible il soit produit une somme de matériaux plastiques suffisante pour provoquer la fructification. Ce but ne sera atteint que par une taille excessivement modérée.

C'est aussi sur le mode de circulation de la sève plastique que sont basées certaines opérations horticoles, telles que l'incision annulaire, décrite plus loin.

Quand elles sont voisines des fleurs ou des fruits, les feuilles deviennent d'une importance remarquable. Le docteur Sachs a observé que, si l'on supprime les feuilles qui avoisinent immédiatement une fleur, celle-ci avorte, faute, sans doute, d'une quantité d'aliments plastiques suffisante qui ne peut pas lui être envoyée par les autres feuilles trop éloignées. Si on enlève toutes les feuilles qui entourent immédiatement un bouquet de poires, celles-ci cessent de croître. Sur une branche fruitière de poirier, si les yeux de la base sont trop éloignés du sommet végétatif de cette branche, dont les feuilles, plus nombreuses, plus larges, plus éclairées, plus actives, produisent en abondance la sève plastique, ils restent inertes parce qu'ils ne peuvent point recevoir de ce sommet trop élevé la matière plastique nécessaire à leur métamorphose en organes fructifères.

Les Bourgeons. — Le *bourgeon* des botanistes, l'*œil* des jardiniers, est cet organe qui se trouve sur les rameaux, à l'aisselle des feuilles ; il est couvert d'écailles et d'un volume variable, suivant les espèces, sa position et sa nature. Le bourgeon n'est autre chose qu'un rudiment de rameau. Quand il termine une tige, une ramification, le bourgeon est dit *terminal*. Quand il est situé sur les côtés de cette tige, on l'appelle *latéral*. (fig. 4 *b'*)

Certains bourgeons, au lieu de produire des rameaux, donnent des fleurs ; ils ont une conformation particulière ; sur le poirier, le pommier, on les reconnaît à leur aspect gonflé et à la place qu'ils occupent généralement, à l'extrémité de rameaux courts et ridés (fig. 4 *b*).

Le bourgeon à fleur procède du bourgeon normal, et cette transformation du bourgeon normal est un des objets de la taille des arbres fruitiers.

Quand les bourgeons normaux et à fleurs se développent au printemps, comme les feuilles n'existent pas encore, ils empruntent nécessairement, pour s'allonger, les matériaux dont l'arbre possède une provision dans ses tissus. Cette provision de matériaux, le tailleur d'arbre doit la ménager en supprimant le moins possible de branches et de rameaux, qui en sont comme les détenteurs.

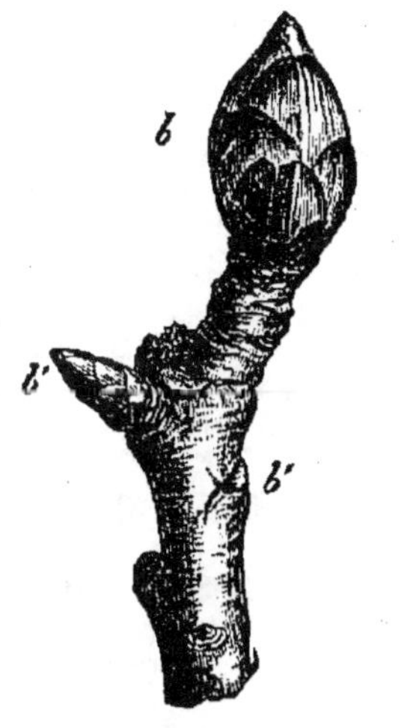

Fig. 4.

Petite branche de poirier portant un bourgeon à fleurs *b*, et quelques petits bourgeons à bois *b'* à plusieurs degrés de développement.

La Fleur. — Jusqu'ici, nous n'avons étudié que des organes et des fonctions qui ont pour objet de conserver l'arbre, de prolonger le phénomène de sa vie individuelle. Le rôle de la fleur et de ses fonctions est plus important, c'est d'assurer la multiplication de l'espèce, sa descendance.

La fleur, pour ces raisons, se définit l'ensemble des organes, les uns actifs, les autres neutres, qui assurent la reproduction de l'espèce.

Les organes neutres de la fleur sont constitués par ce que les botanistes appellent le *calice* et la *corolle ;* ils protègent les organes actifs ou sexuels, mais on peut les enlever sans que le rôle de ceux-ci soit empêché, sans que la descendance de l'arbre soit absolument compromise.

Les organes essentiels, organes sexuels mâles et femelles, se trouvent associés de différentes façons. Chez les poirier, pommier, cerisier, pêcher, amandier, les deux sexes étant réunis dans la même fleur, celle-ci est dite *hermaphrodite.* Chez le châtaignier, le noyer, le noisetier, chaque fleur a un sexe particulier, mais les fleurs mâles et les fleurs femelles étant réunies sur le même individu, on dit ces arbres *monoïques.* Les dattiers, au contraire, sont des arbres *dioïques,* parce que les deux sexes y sont portés sur des individus distincts.

Les organes mâles (*étamines*) contiennent le

pollen ou matière fécondante : c'est une sorte de poussière fine. Lorsqu'un grain de cette poussière se trouve placé dans des conditions particulières sur le *stigmate* de l'organe femelle, il gonfle, crève et produit une sorte de boyau qui pénètre l'organe femelle (*style, ovaire*) jusqu'à l'*ovule* ou future graine qu'il féconde par son contact. Le résultat de là fécondation c'est la formation de la graine et le grossissement du fruit.

Ainsi, la conséquence normale de la floraison, c'est la *fécondation* et la *fructification*.

On avance, depuis longtemps, que certaines opérations, qui altèrent et meurtrissent plus ou moins les arbres, ont pour résultat de provoquer chez eux l'apparition des fleurs. Le fait est vrai, mais il arrive trop souvent que ces fleurs sont stériles ; c'est pourquoi nous recommandons une certaine circonspection dans la mise en œuvre de ces pratiques.

La principale cause déterminante de la formation des fleurs, c'est l'âge des arbres, l'âge adulte. Viennent ensuite la prédisposition naturelle, le greffage sur certains sujets ou sur des arbres déjà adultes (exemple : le poirier greffé sur cognassier, le pommier sur paradis donnent très rapidement des fruits), l'intensité de la lumière et de la chaleur pendant la végétation active, etc.

Nous avons vu que la lumière, la chaleur peuvent être artificiellement augmentées.

Le greffage, dans les conditions précitées, est une opération facile (Voir page 71).

Reste donc l'âge de l'arbre. Le jardinier peut-il avoir une action sur ce puissant facteur de la floraison? Peut-il avancer l'âge adulte de l'arbre, son âge pubère, si je puis m'exprimer ainsi? Oui, il le peut par le seul fait de la taille et de la culture ; il peut communiquer à ses arbres une certaine précocité, mais, pour ce faire, il devra user de procédés analogues à ceux employés pour hâter la précocité des animaux, il devra procurer aux arbres une alimentation copieuse par l'emploi d'engrais riches et appropriés ; il devra hâter, par tous les moyens, l'extension rapide de l'arbre tout entier. L'âge adulte, en effet, correspond chez tous les êtres au développepement complet de leur masse organique.

Plus tôt l'arbre aura atteint ce développement, plus tôt il donnera des fleurs et des fruits.

Cette théorie, basée sur de nombreux faits d'observation, et qu'il serait d'ailleurs facile de raisonner avec les données de la physiologie végétale pure, cette théorie conduit nécessairement à la condamnation absolue de ces procédés de l'arboriculture qui consistent à assigner aux arbres un espace souvent trop petit, des dimensions souvent trop restreintes.

D'autres causes antagonistes de celles que nous venons d'étudier peuvent amener l'avortement de la floraison et, par conséquent, celui de la fructification. Ces causes sont surtout les pluies et les froids : les pluies, parce qu'elles entraînent hors de portée de l'organe femelle la matière fécondante dont l'action est perdue ; le froid, parce qu'il paralyse l'action fécondante. De là l'utilité des *chaperons*, des *auvents*, des abris contre les pluies et les gelées.

Le Fruit. — Le fruit des botanistes, c'est l'ovaire fécondé et grossi. Pour nous, c'est la partie comestible ou l'enveloppe protectrice de la graine ; on l'appelle *péricarpe*.

Les fruits sont *charnus* ou *secs*. Le fruit charnu

a un péricarpe composé d'une substance tendre et succulente ; il ne s'ouvre pas à la maturité des graines, mais pourrit autour d'elles. Exemple : poire, pomme, pêche.

On a classé les fruits charnus en *baies* et *drupes*.

Dans les baies, tout le péricarpe est charnu, les graines y sont à l'état nu et libre. Exemple : raisin, groseilles diverses.

Dans la drupe, le péricarpe n'est charnu que depuis l'extérieur jusqu'à une certaine profondeur ; la partie tout à fait profonde est dure ou cornée ; elle constitue le noyau ou les loges.

Les fruits en drupe ou *drupacés* sont la poire, la pomme, la pêche, la cerise, l'abricot, la prune, la noix, l'amande, la nèfle.

Les horticulteurs appellent *drupes à pépins* ou fruits pomacés les poires, pommes ; et *drupes à noyaux* les pêches, prunes, etc. Ils n'admettent pas non plus la noix ni l'amande parmi les fruits charnus. Cependant, au point de vue botanique, il n'y a entre ces fruits et une pêche aucune différence. Le péricarpe charnu existe de part et d'autre ; seulement, dans la noix où il constitue le brou et dans l'amande, ce péricarpe n'est point

comestible. Chez le noyer ou l'amandier (fig. 5),
ce n'est pas le fruit, c'est la graine que l'on consomme. Chez le figuier, le fruit est une petite
drupe, mais ce que l'on mange, la figue, est un
réceptacle concave, presque fermé, devenu pul-

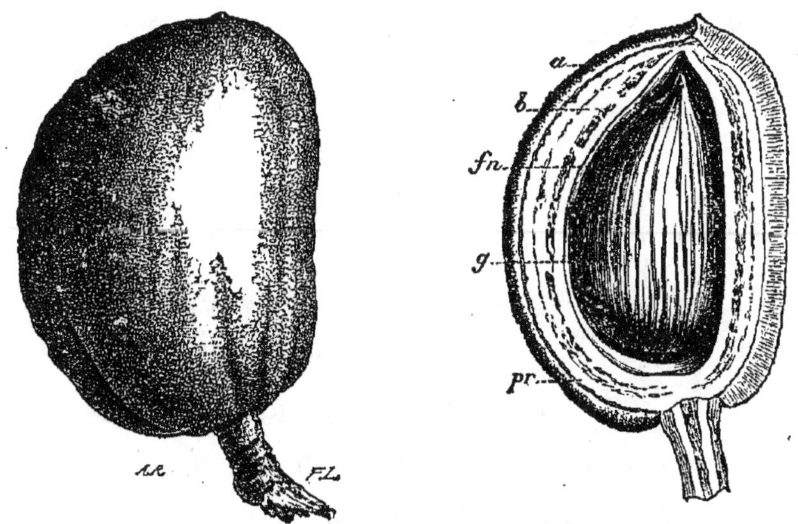

Fig. 5. — Fruit de l'Amandier : *A* tout entier, *B* coupé
longitudinalement.

peux, comestible, et portant sur sa paroi interne
une agglomération de petites drupes.

Les fruits secs cultivés sont des *akênes ;* on
appelle ainsi un péricarpe sec indéhiscent et ne
renfermant qu'une graine. Exemple : noisette,
châtaigne.

La production des fruits appauvrit énormément

l'arbre en matière ou sève plastique ; elle l'appauvrit au point qu'il peut résulter d'une abondante récolte la stérilité complète pour l'année suivante. C'est dans la crainte de cette stérilité que par les années d'abondance on pratique « *l'éclaircie des fruits* ». (Voyez plus loin.)

ART. II. — **Le Sol.**

Le sol est le milieu où les plantes puisent par leurs racines les aliments destinés à leur accroissement.

Selon leur composition physique, les sols sont *légers* ou *compacts, chauds* ou *froids.* Les sols légers, ceux qui contiennent beaucoup de sable siliceux ou calcaire, se prêtent peu à la culture des arbres fruitiers ; ils sont trop secs. Les sols compactes, c'est-à-dire riches en argile, ne sont guère plus favorables, surtout dans le Nord, à cause de leur humidité trop grande.

Le meilleur sol est celui qui tient le milieu entre ces deux extrêmes ; il a une consistance et une fraîcheur moyennes. Son épaisseur aussi a une grande importance en arboriculture ; quand elle mesure 60 à 80 centimètres, elle est bonne. Au-dessous de cette épaisseur se trouve une terre de composition physique différente qu'on appelle le *sous-sol*. Le sous-sol sera perméable. Au besoin, et par son mélange avec le sol, il peut servir à en modifier la nature.

Les meilleures terres pour la culture des arbres fruitiers sont les terres franches dites à blé, puis les terres argilo-sableuses dans le midi de la France et sablo-argileuses dans le nord.

Situation et exposition du sol. — Selon la configuration du lieu, le sol peut faire partie d'une plaine ; il peut être, si le pays est montagneux, dans la vallée, sur un plateau ou à mi-côte et, dans ce dernier cas, il est à telle ou telle exposition : nord, sud, est, ouest.

Les situations en plein vent sont généralement bonnes.

Les coteaux ou situations sur les flancs des hauteurs ne valent que par leur exposition.

Au nord, ils sont froids, leurs produits sont tardifs.

Au midi, ils sont très chauds. Les fruits y mûrissent rapidement. C'est qu'en effet un sol incliné à l'exposition du midi correspond à un sol plat qui serait sous une latitude méridionale.

A l'ouest, les coteaux sont à la fois chauds et humides.

A l'est, ils s'échauffent rapidement le matin et sont sujets aux dégels subits, très préjudiciables aux arbres en fleurs.

Disons aussi que selon les localités ces expositions sont plus ou moins bonnes, plus ou moins mauvaises. Ainsi l'exposition du midi, si recherchée au nord de Paris, l'est beaucoup moins dans la région méridionale de la France. Les fonds de vallées sont généralement froids, humides, brumeux et, pour ces raisons, impropres aux cultures fruitières. En 1879, on a vu le thermomètre accuser, dans les vallées, des températures inférieures à celles des coteaux ou des plateaux.

Quant à ces derniers, ils sont généralement très exposés aux vents qui dessèchent, font avorter les floraisons et provoquent la chute des fruits.

Surface. — La surface du sol plantée en arbres fruitiers est influencée par la nature des essences choisies, par le temps et l'argent que l'on désire dépenser à son entretien annuel.

Un seul homme peut diriger un demi hectare planté en essences diverses, et un hectare tout entier si celui-ci est planté en une seule essence.

Clôtures. — La surface étant définie, il faut la clôturer pour la mettre à l'abri des maraudeurs et des animaux errants.

La meilleure clôture d'un jardin fruitier, sous le climat de Paris et du nord, est le mur, à cause de sa solidité d'abord, ensuite parce qu'il permet la culture en espalier (culture faite le long des surfaces murales).

Dans ce cas, le mur devient pour les arbres un abri, non plus seulement contre les maraudeurs, mais aussi contre les intempéries.

Les murs les plus longs sont autant que possible dirigés du nord au sud. Les murs dirigés de l'est à l'ouest auront au contraire moins de développement, à cause de l'infériorité que présente leur face exposée au nord. Une hauteur de 3 mètres est celle qu'il est préférable d'adopter.

Les murs sont construits en pierre ou en brique.

Les joints doivent en être soigneusement cimentés pour ne point servir de refuge aux insectes. Toute la surface en est tenue bien blanche par des chaulages annuels ou bisannuels.

Le sommet du mur est couronné par un *chaperon*, qui déborde légèrement à la façon d'un toit. Il protège le mur et les arbres en espalier contre la pluie dont il rejette les eaux à distance. Le chaperon aura une saillie de 15 à 18 centimètres, pas davantage. On le construit le plus souvent en tuiles.

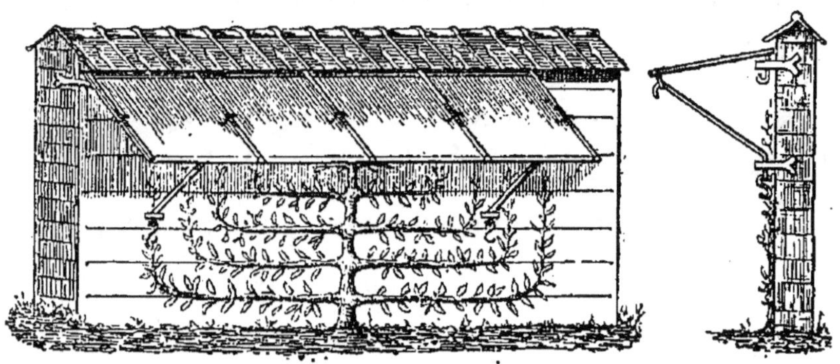

Fig. 6 et 7. — Abri vitré mobile.

A 6 ou 8 centimètres sous le chaperon, et tous les 2 ou 3 mètres environ, il est scellé des *potences* en fer chargées de supporter des abris vitrés mobiles (fig. 6 et 7), ou des *auvents*, sortes de paillassons de 30 à 40 centimètres de large (fig. 8), que l'on place à volonté au-dessus des arbres en espalier pour les préserver des froids ou des pluies à certaines époques.

Les murs doivent encore être garnis d'un *treillage* ; c'est un assemblage de fils de fer tendus horizontalement et de baguettes en bois fixées perpendiculairement à ces fils. Les fils, les

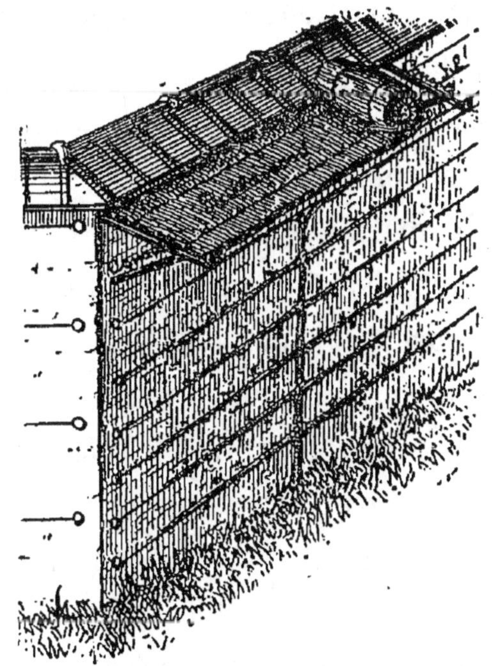

Fig. 8. — Potences en fer supportant un auvent.

baguettes sont plus ou moins rapprochés, selon que l'on cultive telle ou telle essence.

BELLAIR. — *Les Arbres fruitiers.* 2.

Eau. — Bien qu'elle ne soit pas absolument indispensable, l'eau peut rendre des services dans un jardin fruitier, où elle sert à arroser les jeunes arbres nouvellement plantés et à mouiller les feuillages quand cela est nécessaire.

Amendements. — Ce sont certaines substances qui, incorporées au sol dans des conditions spéciales, doivent en atténuer ou en faire disparaître les défauts.

La chaux, la marne, le sable siliceux, l'argile sont des amendements ou substances amendantes. La chaux, la marne, diminuent la compacité des terres trop argileuses et neutralisent l'acidité des terres tourbeuses. On emploie la chaux à la dose de 50 hectolitres à l'hectare, et la marne à la dose de 40 mètres cubes. L'argile est apportée dans les terres sableuses trop légères pour en diminuer la sécheresse et en augmenter la cohésion. Inversement, on incorpore le sable siliceux aux terres argileuses pour en diminuer la compacité et en augmenter les qualités perméables.

Engrais. — Les engrais sont les aliments des plantes ; on les incorpore au sol quand celui-ci est pauvre ou épuisé par les récoltes précédentes. En agissant ainsi, on a pour but de mettre ces aliments à portée des racines qui les absorbent.

Les arbres copieusement fumés avec des engrais appropriés atteignent plus vite leur développement normal et leur âge fertile.

Les corps qui constituent la richesse et la valeur principales des engrais sont *l'azote, l'acide phosphorique* et la *potasse.*

Tout engrais qui ne contient pas ces trois corps est un engrais incomplet; il ne peut produire qu'une fertilité imparfaite.

Dans certains engrais tels que les fumiers, la matière fécale, par exemple, qui contiennent bien les trois termes : azote, acide phosphorique et potasse, l'un des termes est souvent en trop faible proportion. Dans le fumier et la matière fécale pris comme exemple et pour la culture des arbres fruitiers, le terme qui n'est pas suffisamment représenté est l'acide phosphorique ; on devra l'augmenter, si l'on emploie ces engrais, par l'addition de phosphate de chaux.

Les principaux engrais utilisés en arboriculture fruitière sont :

1º *Les fumiers*; le fumier de bêtes bovines, très aqueux, est préférable pour les terres légères et le fumier de cheval pour les terres lourdes et froides, à cause de sa constitution plus sèche.

Les fumiers sont incorporés au sol au moment de l'ameublissement (défoncement) et dans la proportion de 1/10 de la masse de terre remuée. Si on a remué 10 mètres cubes de terre, on aura incorporé à cette terre 1 mètre cube de fumier.

Les fumiers seront préalablement additionnés de 3 à 4 kil. de superphosphate de chaux par mètre cube.

2º On emploie aussi *l'engrais humain*, mais à dose deux fois moindre, parce qu'il est deux fois plus riche en azote.

Après leur plantation, au bout de quelques années, les arbres ont encore besoin d'engrais; on leur donne de la *poudrette* (engrais humain desséché) répandue l'hiver à la dose de 20 à 30 kil. par are et par an.

3º Les *engrais chimiques* ou minéraux sont des sels divers qui ne contiennent, pris à part, qu'un seul principe fertilisant; ce principe est de l'azote dans le *nitrate de soude* et le *sulfate d'ammoniaque ;*

c'est de l'acide phosphorique dans les *superphosphates* ; c'est de la potasse dans le *chlorure de potassium*.

Ces sels sont employés associés ensemble ou à d'autres engrais : fumier, déjections. On ne les incorpore au sol qu'à toute petite dose parce qu'ils sont très riches. En voici un frappant exemple : Dans 6 kil. de nitrate de soude, il y a autant d'azote que dans 250 kil. de fumier.

Aussi le nitrate de soude ne s'emploie-t-il qu'à la dose de 3 à 5 kil. par are, quand on veut provoquer une forte végétation foliacée. Il ne s'incorpore que vers la fin de l'hiver.

Le superphosphate est utilisé à la dose de 2 ou 3 kil. par are et par an répandu sur la surface terrienne qui correspond à la masse occupée par les racines. Il est utilisé avec les arbres adultes rebelles à la fructification. On l'emploie avant l'hiver.

Le chlorure de potassium, à la dose de 1 à 2 kil. par are et mélangé à de l'engrais humain superphosphaté, produit d'excellents effets sur tous les arbres fruitiers jeunes et particulièrement sur la vigne.

Le chlorure de potassium s'incorpore aussi à l'automne.

La cendre de bois, naturellement riche en phosphate et sels de potasse, sera aussi un excellent engrais pour les arbres fruitiers.

Ces sortes de matières fertilisantes, sels divers, cendre de bois, à cause de leur état pulvérulent et de leur rapide solubilité, sont simplement répandus sur le sol et incorporés par un léger labour.

Mais ce n'est pas seulement la cendre de bois qu'il faut recueillir et utiliser comme engrais, ce sont aussi tous les débris d'origine végétale ou animale qui, journellement produits dans les ménages, sont trop fréquemment jetés ou perdus avec insouciance.

Art. III. — **Les outils de culture.**

Les outils de la culture du sol : la bêche, la pelle, la pioche, sont connus de tous.

Les outils de taille sont beaucoup plus intéressants à étudier, à cause de certains détails de conformation qu'il est bon d'exiger en eux.

Ces outils sont : la serpette, le sécateur, la scie égohine, le greffoir.

La *serpette* est une sorte de couteau à lame courbée.

Le manche doit en être assez volumineux pour que la main puisse le tenir sans trop d'effort; les manches en corne de cerf, à cause de leur rugosité

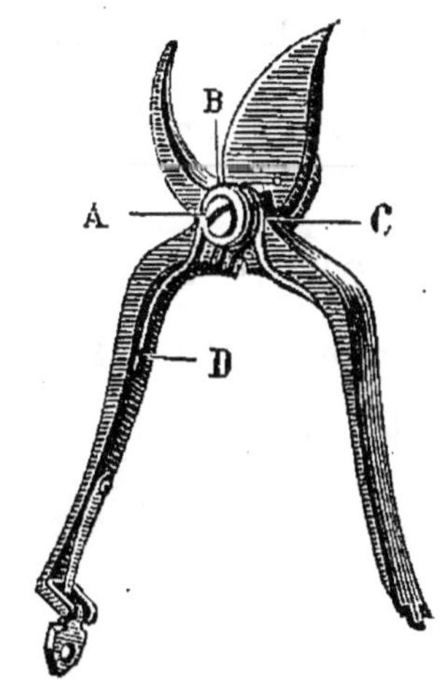

Fig. 9. — Sécateur (Aubry.)

qui empêche le glissement, sont les meilleurs. Le fil de la lame doit présenter du talon à la pointe une courbe régulière et assez allongée. Les serpettes crochues, dites « *serpettes de vendangeur* », sont de mauvaises serpettes de jardinier.

Avec la serpette, on coupe les jeunes branches dont les plaies sont destinées à subsister sur l'arbre (branches charpentières) ; l'opérateur doit tenir le rameau à amputer d'une main et de telle façon que cette main soit au-dessous du point de taille ; quand la main tient le rameau à couper au-dessus du point de taille, il peut en résulter une blessure grave.

Le sécateur (fig. 9) est une sorte de ciseaux composé d'un mécanisme faisant mouvoir une lame convexe qui glisse contre un crochet concave.

Le mécanisme est formé de deux branches qu'écarte naturellement un ressort. La main, en se fermant et s'ouvrant, rapproche ou écarte ces deux branches qui commandent le crochet et la lame de l'outil.

Dans les bons sécateurs, la lame est une pièce distincte ne faisant pas corps avec la branche du sécateur, le ressort n'est pas trop dur et la longueur totale de l'outil ne dépasse pas 20 centimètres.

L'avantage du sécateur est de permettre un travail rapide. Quand on se sert de cet instrument, on doit, entre la lame et le crochet, saisir le rameau à couper de telle sorte que la partie large du crochet appuie toujours sur la portion de bois retranchée, cela à cause de la meurtrissure qui résulte de cette pression.

La *scie* ou *égohine* (fig. 10) est composée d'un manche long d'environ 15 centimètres et d'une lame égale se fermant à volonté. Cette lame est à dents évidées qui débitent beaucoup plus rapidement que

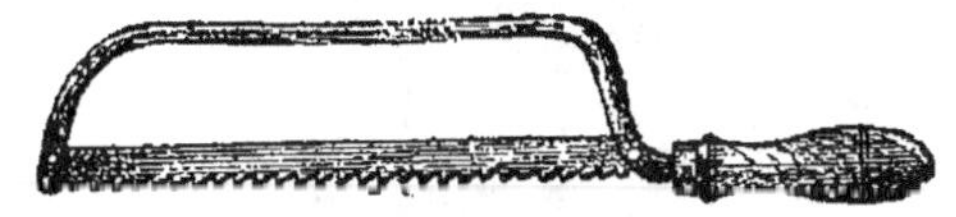

Fig. 10. — Scie à greffer ou scie de jardinier.

les autres. Au point où la lame est ajustée, le manche doit porter une virole en cuivre. Quand l'on se sert de l'outil, cette virole en cuivre est tournée de manière à empêcher la fermeture accidentelle de la lame sur les mains de l'ouvrier.

L'égohine s'emploie pour retrancher ou amputer

Fig. 11. — Greffoir (Vermorel).

les fortes branches. Après l'opération, on pare la plaie à la serpette pour substituer aux déchirures de la scie une plaie nette, saine et guérissable.

On appelle *greffoir* (fig. 11) une sorte de canif ; la lame mesure 5 à 6 centimètres de long, son fil décrit, près de la pointe, une courbe convexe pour

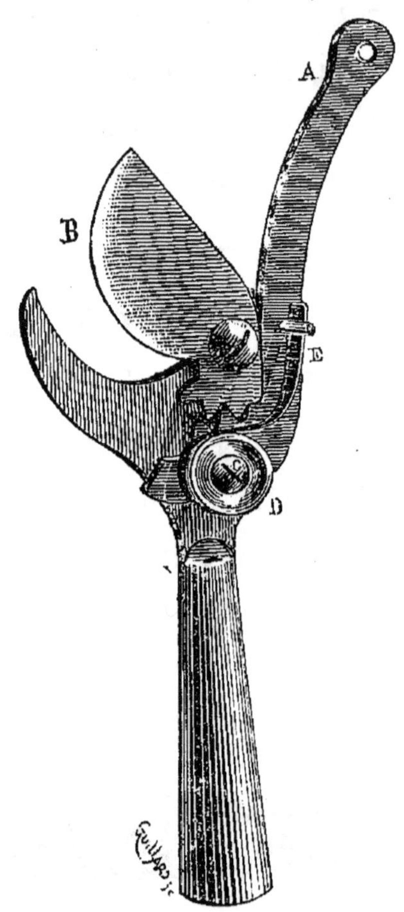

Fig. 12. — Echenilloir Aubry.

permettre de pratiquer les incisions des écorces. Le greffoir n'est pas un outil de taille, il sert essentiellement à pratiquer le *greffage en écusson*.

L'*échenilloir* (fig. 12), est une sorte de sécateur fixé à l'extrémité d'une longue perche ; il se
meut à l'aide d'une ficelle attachée à l'extrémité
du levier A qui commande la lame B.

Tous les outils doivent être tenus rigoureusement
propres.

Les lames du sécateur, de la serpette, du greffoir seront souvent repassées sur une pierre spéciale pour couper toujours aussi bien que possible.
Les meilleures pierres sont les pierres ardoisées
d'Angers.

CHAPITRE II

PROCÉDÉS DE CULTURE

Drainage. — Quand les terres retiennent beaucoup plus de 20 0/0 d'eau, elles sont trop humides, il est nécessaire de leur retirer cet excès d'eau.

C'est par une opération compliquée appelée *drainage* que les terres trop humides sont assainies.

Pour drainer, il est disposé à une certaine profondeur (au moins 1 m. au jardin fruitier) et de distance en distance (tous les 12 ou 15 mètres), des lignes parallèles de tuyaux en terre cuite. Les lignes ayant une légère pente sont composées de cylindres creux (les drains d'assèchement) aboutés les uns aux autres et de 35 centimètres de diamètre interne. Chaque joint (point où deux cylindres se rencontrent) doit être entouré par un manchon ou cylindre très court et large. Les manchons sont indispensables, ils empêchent la terre et les racines de pénétrer dans les drains qu'elles pourraient obstruer.

Toutes les lignes en pente légère (2 millimètres par mètre) débouchent dans une autre ligne de drains collecteurs, plus larges que les drains d'assèchement.

L'eau surabondante du sol pénètre dans les drains d'assèchement par infiltration ; elle coule jusqu'aux drains collecteurs qui l'envoient au loin.

Le drainage fait disparaître tous les défauts inhérents aux terres humides ; les terres drainées sont moins froides, plus aérées et plus meubles ; les mauvaises herbes qui les envahissaient les abandonnent, les fruits qu'elles produisent deviennent moins aqueux et plus sapides.

Cet heureux changement apporté par le drainage est une amélioration sinon constante, du moins fort durable. Il est en effet des exemples de drains qui fonctionnent depuis plus de 50 ans.

Aménagement du jardin fruitier. — Aména-

ger le jardin fruitier, c'est l'ordonner, le disposer pour les plantations qui y doivent être faites.

On peut diviser le terrain en un petit nombre de grandes surfaces rectangulaires dans lesquelles les arbres seront plantés en lignes parallèles. Ces grandes surfaces sont encadrées par des allées de 3 mètres de large pour la circulation des voitures.

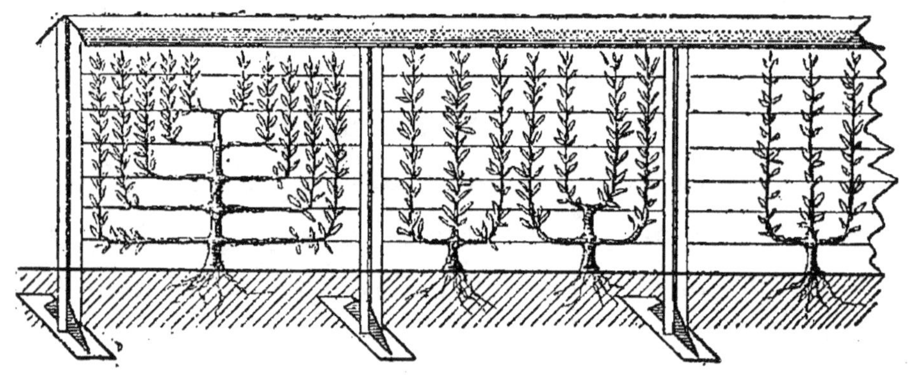

Fig. 13. — Contre-espalier.

Quelques personnes préfèrent établir autant de plates-bandes que de lignes d'arbres ; nous ne sommes pas de leur avis, parce qu'agir ainsi c'est multiplier considérablement la surface des allées à laquelle correspond une masse de terre tassée, non aérée et impropre au développement des racines. Les plates-bandes qui côtoient les murs auront une largeur suffisante (1 m. 50) pour permettre, sans nuire aux espaliers, l'installation de cordons de pommiers et de poiriers sur leurs bords.

Il sera procédé à l'installation de contre-espaliers (sorte de charpente) (fig. 13), pour le palissage en plein air des arbres dont la forme doit avoir une symétrie bilatérale.

Si le sol est peu épais, la terre des allées est apportée à la surface des carrés ou des plates-bandes et remplacée par des gravois et des décombres. Ces mêmes allées sont bordées avec des plantes naines utiles ou purement ornementales : fraisier, ciboulette, buis, ou avec des briques spéciales.

Article premier. — **Ameublissement du sol.**

L'ameublissement est cette opération par laquelle on remue la terre arable sur une surface donnée et à une plus ou moins grande profondeur, pour en diminuer la compacité. Cet ameublissement favorise la multiplication des racines et leur élongation, parce qu'il crée à ces organes un milieu plus perméable, plus sain, plus aéré.

En arboriculture fruitière, l'ameublissement du sol, pour exprimer qu'il est très profond, prend le nom de *défoncement*.

Le défoncement peut s'exercer sur la surface totale du jardin fruitier ou seulement sur une partie de cette surface. Disons de suite que le défoncement de la surface totale du jardin est très coûteux et qu'il ne donne pas tous les bons résultats qu'on pourrait en désirer, parce que certaines parties du jardin ont repris leur compacité primitive quand les racines des arbres sont prêtes à les pénétrer.

On adoptera donc le défoncement partiel. Celui-ci se fait par « *plates-bandes* » ou « *par trous* ».

Epoque. — On opère généralement l'ameublissement du sol en septembre, c'est-à-dire un ou deux mois avant la plantation, pour que la terre ait le temps de se tasser un peu avant cette opération.

Profondeur. — La profondeur à laquelle on attaque le sol en défonçant dépend de la qualité des essences à planter. Quand celles-ci sont à racines pivotantes: pommier, poirier sur franc, pêches sur amandier ou sur franc, il est bon d'ameublir jusqu'à 80 centimètres ou 1 mètre. Pour planter des essences à racines traçantes ou moins développées, il suffit d'ameublir seulement jusqu'à 60 centimètres (pommier sur doucin, poirier sur coignassier) ou 40 centimètres (groseilliers, framboisier).

Défoncement par plates-bandes. — Ces plates-bandes de 2 mètres de large sont tracées de manière que la ligne de plantation en occupe le milieu ; elles sont généralement parallèles et séparées entre elles par des espaces qui ne seront point défoncés.

Les plates-bandes étant tracées, le jardinier ouvre à l'extrémité de la première une tranchée profonde de 0 m. 80 et de 2 m. de côté. Placé au fond de la tranchée, il abat la terre de la planche à ses pieds en la coupant de haut en bas à coups de pioche, puis, au moyen d'une pelle, il saisit cette terre et la jette à la place de la terre extraite ; il continue ainsi jusqu'au bout de la planche. Quand il y est arrivé, il ouvre une tranchée à l'extrémité la plus proche de la planche voisine, la terre enlevée lui sert à combler définitivement la tranchée de la première planche; il défonce la seconde planche comme il a défoncé la première, puis, par le même procédé, il passe à la troisième, à la quatrième, etc., jusqu'à la dernière qu'il comble définitivement avec la terre obtenue par le percement de la tranchée initiale.

C'est pendant le défoncement qu'est faite l'incorporation des engrais; aussi ceux-ci doivent-ils être préalablement répandus à la surface des planches.

Défoncement par trous. — Les places que doivent occuper les arbres étant marquées, il est ouvert à chacune d'elles un trou rectangulaire de 1 à 2 mètres de côté et d'une profondeur variable selon les essences que l'on plantera. Le sol extrait est mis de côté, la terre du sous-sol se met à part. Les trous restent ouverts quelque temps, 15 jours à un mois et demi, pour que la terre s'amende au contact de l'air, puis ils sont comblés, mais c'est la terre de la superficie qui est mise au fond et la terre du sous-sol qui est placée à la surface. Cette disposition importante permet de mettre de suite à portée des racines un milieu fertile et propice au développement général de l'arbre.

Lorsque le sous-sol est tout à fait mauvais et le sol peu épais, il vaut mieux le laisser à sa place, tout en l'ameublissant cependant et en faisant des apports de bonne terre pour augmenter l'épaisseur du sol.

Parfois, le renouvellement de la terre doit être combiné au défoncement, c'est lorsque le sol ayant déjà produit une essence, la vigne par exemple, on veut replanter cette même essence. Ce renouvellement, usité surtout pour les cultures d'espaliers, se fait sur une profondeur de 80 centimètres et une surface d'au moins 1 mètre carré par arbre. Il serait plus économique d'assoler la terre, c'est-à-dire de la planter en une essence différente de la première.

ARTICLE III. — Multiplication des arbres.

Multiplier les végétaux, arbres ou plantes herbacées, c'est en augmenter le nombre, soit en se servant pour cela de l'organe naturel de la reproduction : *la graine,* soit en prenant une partie enracinée (*drageon*) que l'on détache de l'individu, ou bien un rameau aérien auquel on fait produire artificiellement des racines (*bouture, marcotte*) ou bien encore un simple bourgeon, un rameau que l'on place sur un autre individu pour qu'il y vive et y croisse en parasite de la sève puisée par les racines de ce dernier (*greffon*).

Ces procédés décrits brièvement dans l'ordre que nous venons d'énoncer s'appellent : 1° Le *semis,* 2° la *séparation des drageons,* 3° le *bouturage,* 4° le *marcottage,* 5° le *greffage.* Nous allons les étudier.

Semis. — Le semis est un procédé de multiplication peu usité en aboriculture, du moins pour la multiplication directe des arbres. La raison de ceci est que rarement nos variétés se reproduisent d'une manière exacte par la voie du semis. Presque toujours les graines des variétés, au lieu de reproduire leur ascendant immédiat, donnent naissance à des individus qui rappellent les types primitifs de l'espèce, les types sauvages. Si vous semez les pépins d'une poire *duchesse,* par exemple, ces pépins produiront des « sauvageons », c'est-à-dire des poiriers n'ayant aucune analogie avec la variété génératrice.

Quelques variétés de pêcher, d'abricotier, de prunier passent pour se reproduire exactement par la voie du semis.

Mais les pépins de poires, de vignes, les noyaux de pêches, de prunes, d'abricots, etc., devront être semés pour la production de « sujets », c'est-à-dire d'individus « porte-greffe ». Ils seront semés encore en vue de la production des nouvelles variétés, car, s'il est vrai qu'une certaine force (l'atavisme) tend constamment à reproduire dans les descendants des variétés les caractères des types primitifs sauvages, il existe une autre force (l'hérédité) moins puissante, qui procure à certains descendants privilégiés le pouvoir de reproduire les qualités de leurs parents immédiats. Quelquefois même ces qualités sont avantageusement modifiées ou légèrement accrues. Ce sont ces genres de modifications qui produisent les nouvelles variétés. Seulement il faut semer des quantités considérables de graines pour espérer obtenir quelques variétés nouvelles dignes d'être propagées.

On peut, il est vrai, préparer de longue main

l'obtention de ces variétés nouvelles en pratiquant des fécondations artificielles entre individus d'élite.

Agir ainsi, c'est enlever à l'atavisme une partie de sa fâcheuse influence.

Les semis de pépins et noyaux d'arbres fruitiers se feront très tôt, peu de temps après la consommation des fruits. Si on tardait trop, la vitalité des germes serait perdue. C'est le plus souvent à l'automne que l'on opère.

On sème en rayon dans un sol sain de consistance moyenne et peu profondément ameubli, pour que les pivots ne puissent pas s'enfoncer trop.

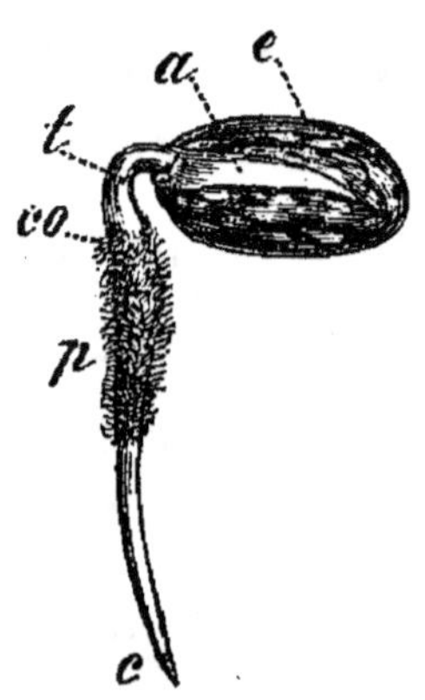

Fig. 14. — Graine germant, *co. p. c.* racine principale. *t.* tige; *co* collet *c* tégument, *a* albumen.

Quand les semis ne peuvent être faits en automne, il faut *stratifier les graines*, c'est-à-dire les disposer dans des pots à fleurs par couches alternant avec des couches de sable.

Le pot à fleur est conservé en cave ou enfoui au pied d'un mur. En avril, les graines stratifiées sont germées (fig. 14), on les sème avec précaution pour ne point casser les germes. Le plus simple consiste à répandre ces graines ou amandes au fond des rayons, puis à les recouvrir de terreau sans presser celui-ci.

Séparation des drageons. — Un drageon (fig. 15) est un rameau qui, poussant sur la souche souterraine de certaines plantes, porte à sa base,

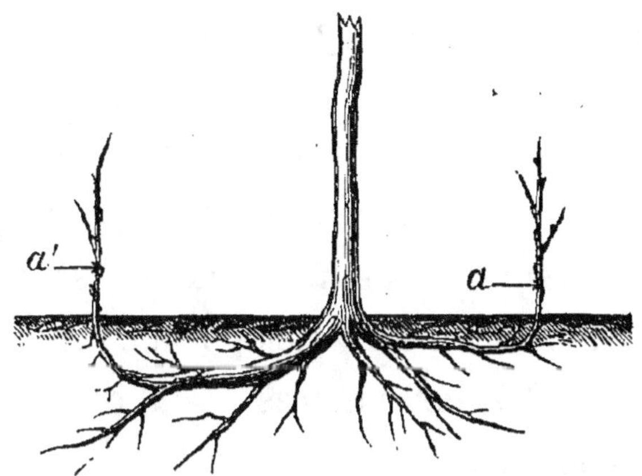

Fig. 15. — Arbre à racines drageonnantes *a' a* drageons.

sur sa partie enterrée, des racines adventives ; il peut donc être détaché de son pied générateur et planté à part pour constituer un nouvel individu indépendant.

Le *framboisier*, le *figuier*, le *prunier myrobolan*, le *noisetier* se multiplient ainsi.

L'époque à laquelle on opère est le printemps dans le nord de la France, et l'automne dans le midi.

Bouturage. — Une bouture est un rameau aérien qui, placé dans des conditions spéciales, émet des racines adventives et constitue bientôt une plante distincte, complète.

Les arbres qui se multiplient surtout par ce procédé sont la *vigne*, le *cognassier*, le *groseillier*, le *figuier*.

Les rameaux-boutures sont détachés en novembre, coupés exactement au-dessous d'un œil, liés en bottes, étiquetés et enfouis dans le sol la pointe en bas ; leur longueur varie selon les espèces : groseillier, 15 centimètres, vigne, cognassier 20 à 22 centimètres.

La bouture peut être compliquée, c'est-à-dire peut porter différentes parties ou amputations qui favorisent l'émission de ses racines. Les boutures compliquées les plus communes sont : la *bouture à talon* (fig. 16), elle porte à sa base tout l'empattement par lequel elle tenait à la plante génératrice ; la *bouture crossette* (fig. 17) munie d'une portion de

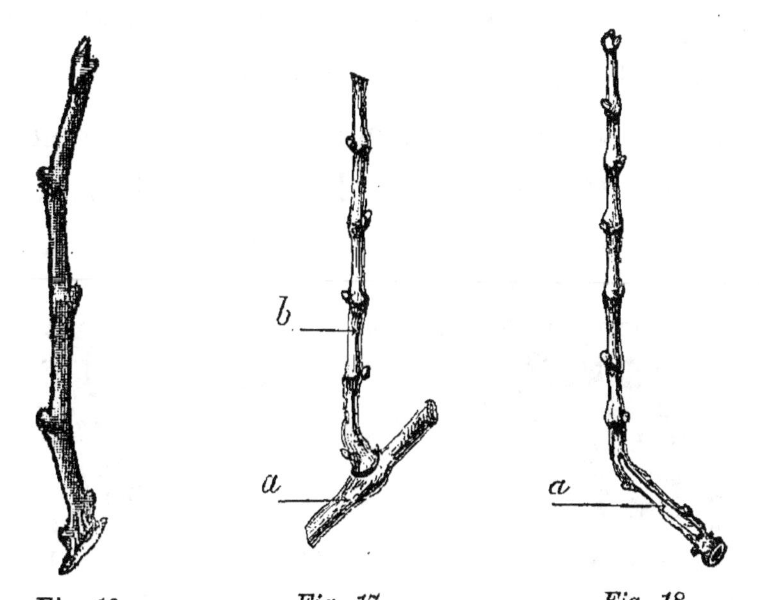

Fig. 16.	*Fig. 17.*	*Fig. 18*
Bouture à talon.	Bouture à crossette.	Bouture écorcée.

vieux bois à sa base ; la *bouture écorcée* (fig. 18) sur laquelle on a enlevé des lambeaux d'écorce.

Fig. 19. — Bouture anglaise.

Les boutures compliquées sont particulièrement usitées pour la multiplication de la vigne. On emploie aussi pour propager la vigne la bouture à un œil dite *bouture anglaise* (fig. 19), mais elle ne s'enracine très bien qu'en serre, non en pleine terre.

Au printemps, en avril, les boutures extraites du sol où on les avait enfouies sont plantées en terre fumée de terreau et ameublie depuis l'automne. On plante les boutures au plantoir dans leur posi-

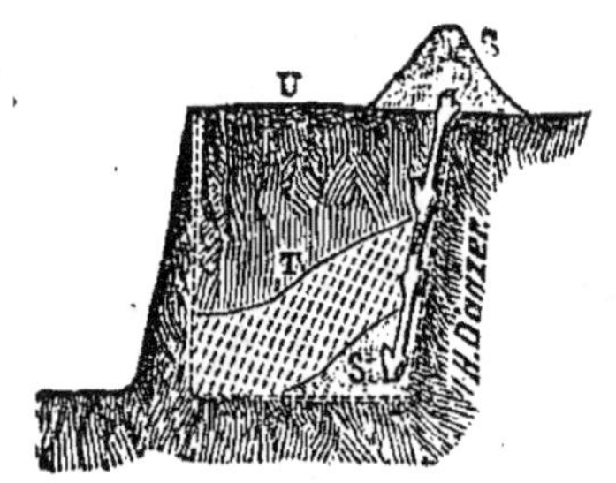
Fig. 20. — Piquage dans le sable des boutures.

Fig. 21. — Terminaison de la plantation.

tion normale cette fois, et les enfonçant jusqu'à leur œil terminal. La terre sera bien appuyée autour d'elles, pour éviter leur dessication.

Au lieu de planter au plantoir, on peut ouvrir une rigole et disposer les boutures debout, appuyées contre un des côtés, puis combler et tasser, marcher sur la terre pour l'appuyer contre les boutures (fig. 20-21).

Dans ce cas, les boutures, au lieu d'être verticales dans le sol, sont légèrement penchées, ce qui
ne nuit pas à leur enracinement au contraire. On
peut même accentuer cette inclinaison ou bien
couder la bouture (fig. 22).

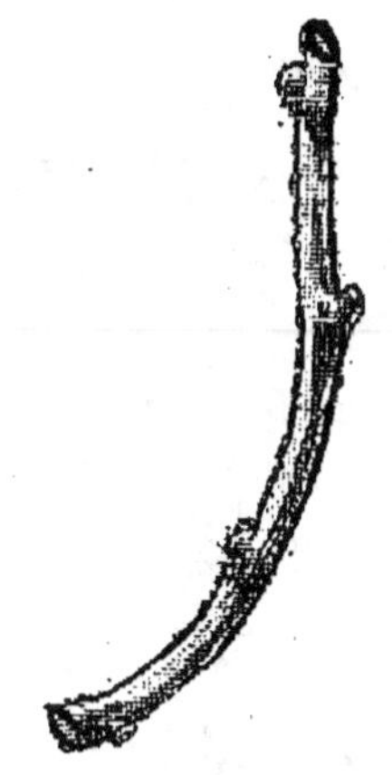

Fig. 22. — Bouture coudée.

Le sol de la pépinière où sont les boutures sera
paillé, c'est-à-dire garni d'une épaisseur uniforme
de 3 centimètres de fumier décomposé.

Cela entretiendra une fraîcheur favorable à
l'émission des racines; si le paillis était insuffisant,
il faudrait arroser.

A la fin de l'année, les boutures sont enracinées,
beaucoup d'entre elles peuvent être déplantées et

mises en place, soit au jardin fruitier proprement dit, soit autre part.

Marcottage. — « Lorsqu'on suit avec attention la végétation d'un fraisier (fig. 23), dit Payer [1],

Fig. 23. — Pied non fleuri de Fraisier Quatre Saisons, muni d'une branche qui s'est enracinée naturellement sur deux points.

on remarque qu'au printemps un grand nombre de branches sortent de l'aisselle des feuilles de la tige et s'allongent en rampant à la surface du sol ; puis on voit poindre sur la partie de ces branches en

1. Payer : *Organographie végétale.*

contact avec la terre humide de jeunes racines, qui grandissent rapidement, s'enfoncent dans cette terre humide et fournissent à ces branches toutes les substances dont elles ont besoin pour végéter; dès lors leur vie est assurée et, quand la base qui les unissait à la tige vient à se détruire, elles forment à côté de la plante-mère comme autant de petites colonies.

Ces branches, qui sont d'abord attachées à la tige et qui en deviennent ensuite indépendantes par suite de la production de racines adventives, qui leur fournissent tous les sucs dont elles ont besoin, constituent ce qu'on appelle des *marcottes* ».

« Il n'y a qu'un petit nombre de plantes dans lesquelles les branches se marcottent ainsi naturellement, parce qu'il n'y a qu'un petit nombre de plantes dans lesquelles les branches rampent sur le sol. Mais les jardiniers, en étudiant le marcottage naturel du fraisier et les circonstances dans lesquelles il se produit, ont pu imiter la nature et marcotter des plantes qui ne l'eussent jamais été sans leur secours. »

Les arbres fruitiers qui sont le plus souvent multipliés par le marcottage sont : la *vigne*, le *cognassier,* le *groseillier,* les *pommiers doucin* et *paradis,* le *figuier.*

Le marcottage se pratique au printemps, en avril et en mai.

Selon que les espèces soumises à ce traitement émettent facilement ou difficilement des racines, selon aussi la manière d'être des branches, le marcottage est simple ou compliqué.

Dans le *marcottage* simple ou *en archet,* le

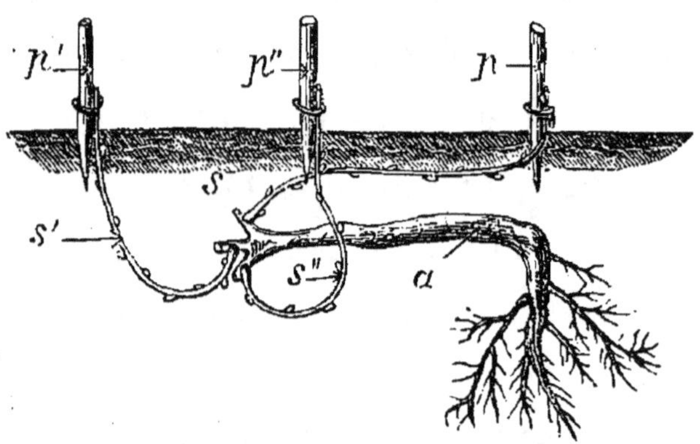

Fig. 24. — Marcottage simple.

rameau marcotte est incliné jusqu'au sol à 3 ou 4 centimètres de profondeur, arqué légèrement, puis redressé hors de terre et taillé à 2 yeux sur cette partie qui émerge (fig. 24).

Sur la partie du rameau marcotte comprise entre son point d'attache au pied générateur et l'endroit où il disparaît dans le sol, les yeux ou bourgeons sont soigneusement enlevés (fig. 25).

Au bout d'un an la marcotte est enracinée ; on peut la détacher de son pied-mère, « *la sevrer* », comme disent les jardiniers, puis l'arracher pour la mettre en places.

La vigne surtout, le cognassier et le groseillier sont marcottés ainsi.

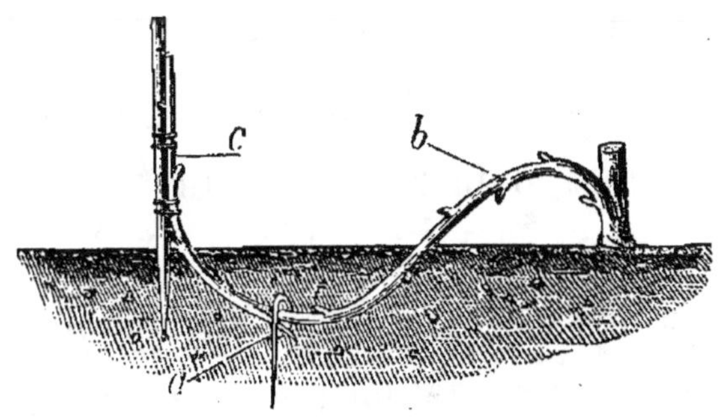

Fig. 25. — Marcottage. Les yeux situés sur la partie *b* doivent être enlevés.

La marcotte en panier ou en pot est la marcotte en archet, passant dans un panier d'osier ou un pot enterrés et pleins de terre. L'émission des racines ayant lieu dans ces récipients, la transplantation de la marcotte peut se faire sans que ces racines souffrent de l'arrachage ou des influences atmosphériques.

Ces sortes de marcottes se plantent avec leur panier préalablement éventré. Les marcottes en pots se plantent sans leur pot, mais celui-ci n'est enlevé qu'au moment même de la plantation.

La vigne et le figuier sont marcottés de cette façon.

Quand on veut, à l'aide d'un seul et long sarment de vigne, obtenir plusieurs individus, on incline le sarment et le couche au fond d'une rigole profonde de 8 à 10 centimètres.

A partir du point où il touche terre jusqu'à son extrémité, il est maintenu dans une position horizontale au moyen de morceaux d'osier pliés en deux et piqués sur lui, à cheval, de distance en distance. Les yeux de la partie descendante du sarment sont enlevés.

Au printemps, quand les jeunes rameaux commencent à paraître, on laisse tomber un peu de terre au fond de la rigole; quand ces rameaux ont dépassé le niveau du sol, la rigole est définitivement comblée. Au printemps suivant, la marcotte sevrée procure autant d'individus que de rameaux développés; il suffit de séparer ces rameaux les uns des autres par quelques coups de sécateur.

Cette variété du marcottage s'appelle le *marcottage chinois* (fig. 26).

Le marcottage « *en cépée* » diffère totalement des précédents, quant à la pratique du moins. Ici

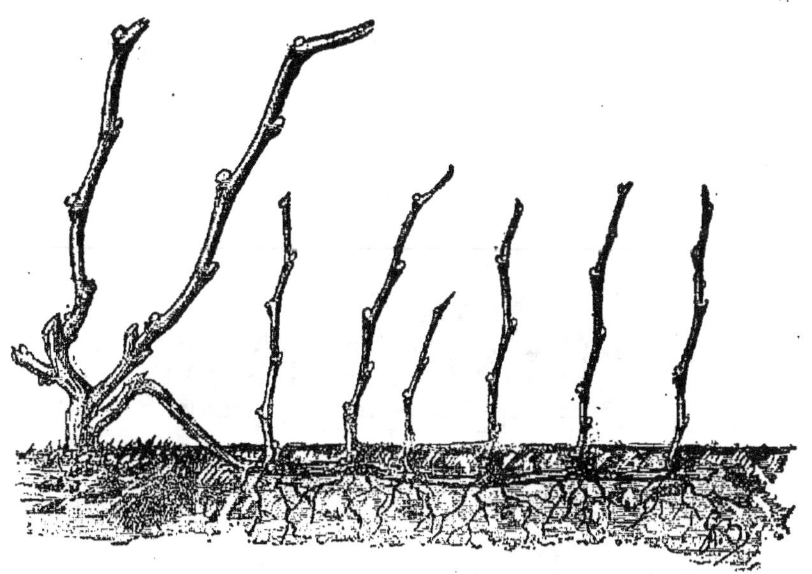

Fig. 26. — Marcottage chinois.

déjà les pieds générateurs sont spécialement et exclusivement traités dans le but de la production des marcottes. Ces pieds s'appellent des *cépées*.

Une cépée de cognassier, par exemple (fig. 27), est un individu maintenu court, recépé à 15 ou 20 centim. au-dessus du sol, puis butté de terre, que l'on maintient aussi fraîche que possible.

BELLAIR. *Les Arbres fruitiers.* 4

La cépée de cognassier émet bientôt des rameaux qui, traversant la butte, s'élèvent au-dessus d'elle. En même temps qu'ils s'allongent, ces rameaux s'enracinent par la base; ils constituent donc de véritables marcottes. Ces marcottes, l'année suivante, sont détachées du pied-mère qui, débutté,

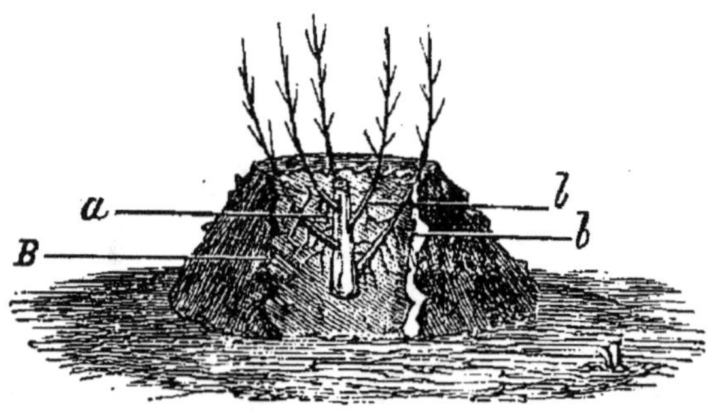

Fig. 27. — Cépée de cognassier.

est laissé au repos pendant un an. On ne traite une cépée que tous les deux ans.

Avec le cognassier, les pommiers paradis et doucin sont multipliés par le marcottage en cépée.

Quelquefois, la partie enterrée des marcottes simples est *incisée, écorcée, tordue, étranglée* à l'aide d'un fil de fer serré à la pince, ou *fendue*, etc.

Ces différentes opérations ont pour objet de hâter l'émission des racines.

Greffage. — Le greffage est une opération par laquelle un rameau détaché d'un arbre est placé sur un autre arbre dans des conditions telles qu'il puisse y croître en se nourrissant de la sève de ce dernier.

Le rameau ainsi traité s'appelle *greffon*, l'arbre qui le nourrit est le *sujet*, l'ensemble, arbre et greffon juxtaposés, constituent *la greffe*.

Le but du greffage appliqué à l'arboriculture fruitière n'est pas seulement de multiplier les individus, c'est encore de conserver les variétés acquises. Nos anciens poiriers, *Bon chrétien, Doyenné d'hiver, Crassane*, ne doivent qu'à la greffe de s'être conservés jusqu'à nous intacts avec tous leurs caractères. Le bouturage, le marcottage nous ont rendu le même service à l'égard des variétés de cognassier, vigne, groseillier, etc. Ce phénomène : la transmission exacte des caractères du générateur au descendant est un des grands avantages de ces procédés artificiels de reproduction dans lesquels les sexes n'apportent pas leur élément étranger. C'est aussi une propriété du greffage de hâter la mise à fruit du greffon.

En outre, on peut s'en servir pour substituer,

sans déplantation ni arrachage, un bon arbre à un mauvais et aussi pour former une branche là où elle manque.

Les conditions de réussite du greffage sont les suivantes :

1° Les deux individus sujet et greffon doivent avoir entre eux un certain degré de parenté ; ils seront de la même famille (poirier et cognassier), ou du même genre (cerisier commun et cerisier Sainte-Lucie).

2° Les couches génératrices du greffon et du sujet seront, lors de l'opération, mises en contact aussi intime que possible. C'est par ces couches et par elles seules que se fait la soudure entre les deux individus.

3° Les plaies du greffon et du sujet seront abritées du contact de l'air.

4° L'opération sera vivement faite.

Pour abriter les plaies de l'action de l'air et augmenter le contact entre le sujet et le greffon, on se sert de *cire à greffer*. La plus employée est composée de la manière suivante :

Faites fondre, en les remuant pour les mélanger :

Poix blanche.	50 parties.
Poix noire.	12 —
Résine.	12 —
Cire jaune.	10 —
Suif	6 —

Laissez refroidir. — Pour employer, faites fondre sur un feu doux, étendez à l'aide d'une spatule de bois.

En mélangeant sur un feu doux 500 grammes de résine demi-liquide et 180 grammes d'alcool, on obtient un mastic qui peut s'employer à l'état froid, mais on doit le conserver dans un flacon bien bouché.

Les *liens* usités sont la laine, le coton, le raphia, pour les greffes délicates telles que l'écussonnage; le chanvre, l'écorce de tilleul, l'osier refendu pour les greffes plus volumineuses.

Deux époques sont particulièrement propices pour la réussite du greffage : ce sont la fin de l'été et le printemps. Les greffes faites à la première époque sont dites à *œil dormant,* parce qu'elles ne végètent pas de suite. Les greffes pratiquées au printemps s'appellent des greffes à *œil poussant,* parce qu'elles se développent presque immédiatement.

Tantôt le greffon est un rameau (*greffe par scion*), tantôt c'est un œil muni d'un lambeau d'écorce (*greffe par bourgeon*).

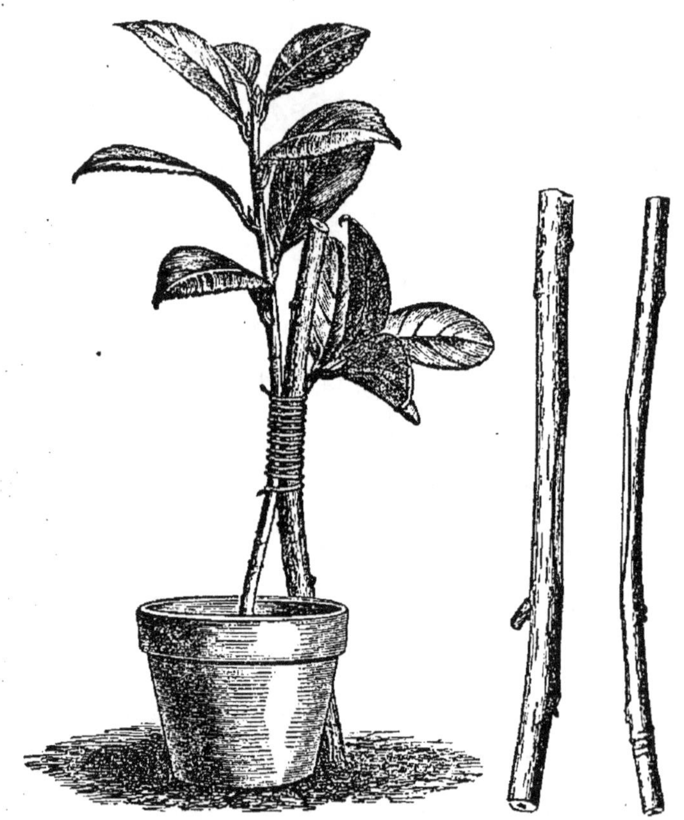

Fig. 28. — Greffe par approche. La figure de droite montre les entailles pratiquées sur le sujet et sur le greffon, celle de gauche la greffe terminée. .

Voici les genres de greffes les plus usitées en arboriculture fruitière :

La *greffe en approche* (fig. 28), s'emploie pour

établir des branches sur certaines parties des arbres où elles font défaut.

La greffe en approche est à la greffe ordinaire ce que la marcotte est à la bouture. En effet, le rameau greffon ici n'est pas détaché, il est simplement incisé, puis approché et appliqué par sa plaie sur une plaie semblable et égale faite à l'endroit où l'on veut établir une ramification, une branche. Les parties sont maintenues embrassées par une ligature à spires rapprochées.

La greffe en approche se pratique d'avril à septembre et plus particulièrement en juin et juillet. Le rameau greffon n'est sevré qu'au bout d'un an ou deux ou davantage.

On emploie assez souvent cette greffe en juin-juillet pour établir des branches fruitières sur les parties dénudées du poirier ou du pêcher. Il est important, quand l'on opère sur ce dernier arbre, d'entailler le rameau greffon jusqu'à l'étui de la moelle, sans quoi la soudure n'est pas parfaite ni solide.

La *greffe en fente* se pratique sur un sujet ou une branche que l'on a coupée selon une section transversale. Le greffon libre, cette fois, est cons-

titué par un fragment de rameau âgé d'un an et
portant 2 ou 3 yeux bien constitués (fig. 29).

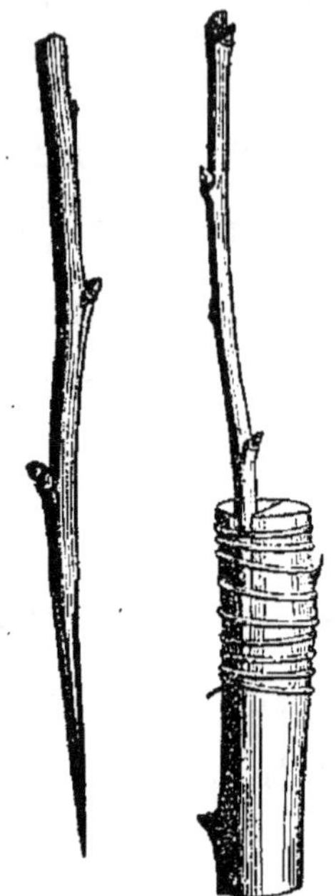

Fig. 29.
Greffe en fente

Ces rameaux proviendront d'arbres
sains et robustes.

Si les greffes doivent être faites
en avril, et c'est le plus souvent
pendant ce mois qu'on les pratique,
les rameaux greffons devront être
coupés dès le mois de décembre,
liés en bottes et étiquetés ; on les
pique en terre au pied d'un mur,
à l'exposition du Nord, et les conserve ainsi jusqu'à l'époque du greffage. Cette précaution est fort importante ; elle procure des greffons
beaucoup plus robustes à la séche-
resse que ceux qu'on pourrait cueillir au moment
du greffage. Les yeux de ceux-ci, aux écailles
déjà écartées, au tissu déjà gonflé de sève nouvelle, sont très sensibles à la chaleur des premières
insolations du printemps.

Pour pratiquer la greffe en fente, le sujet est
étêté selon une section horizontale, puis fendu de
haut en bas et selon une ligne passant par son axe.

Pendant que les parties fendues sont maintenues écartées à l'aide d'un coin de bois, l'opérateur taille son greffon ; celui-ci a environ 10 centimètres et porte deux yeux ; il sera aminci en lame de couteau à partir du second œil et de haut en bas, c'est-à-dire à peu près à partir de son milieu. Ainsi taillé, le greffon est introduit dans la partie fendue du sujet, la base exactement située sur la ligne de circonférence de l'écorce, le sommet légèrement incliné vers le centre, pour qu'il y ait plus certainement contact entre les couches génératrices des deux individus.

Quand les parties fendues du sujet serrent le greffon avec assez de force, on ne ligature pas, bien que la ligature préserve quand même le greffon. Il est important, en tous les cas, d'engluer avec le mastic à greffer toutes les parties de la greffe mises à vif (fig. 30).

Quand le sujet a un diamètre assez considérable, 5 à 6 centimètres, il est fendu selon son diamètre et deux greffons sont insérés à l'opposé

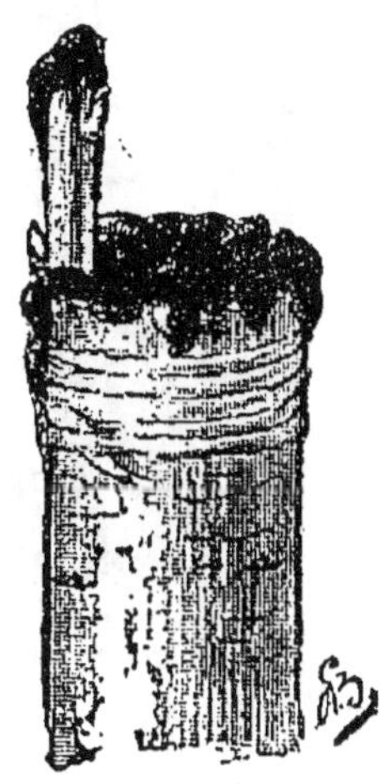

Fig. 30.
Greffe engluée.

l'un de l'autre : c'est la *greffe en fente double* (fig. 31); le premier procédé est la *greffe en fente simple* (fig. 32).

Les greffons étant facilement rompus, surtout par les oiseaux, bien qu'on les entoure d'osiers arqués et formant perchoir pour les préserver davantage, on a imaginé de commencer la taille du biseau non plus au-dessous, mais au-dessus du second œil, de manière que celui-ci soit encastré dans le sujet (fig. 32). De cette façon, le greffon,

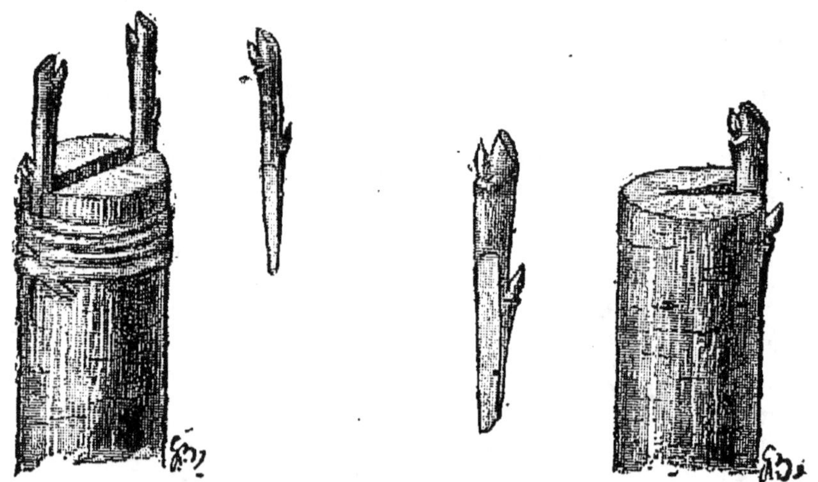

Fig 31. — Greffe en fente double. *Fig. 32.* — Greffe en fente simple
avec œil encastré.

s'il est brisé, se rompant nécessairement au-dessus de cet œil encastré, la greffe, malgré l'accident, peut être sauvée. Le *poirier*, le *pommier*, le *cerisier*, le *prunier*, sont des arbres qui se greffent en fente.

La *greffe en couronne* ne diffère de la greffe en fente que par le mode de taille et d'insertion du greffon ; celui-ci a les mêmes proportions, mais il est taillé en long biseau, d'un seul côté, du côté opposé à l'œil inférieur et à partir de son niveau (fig. 33). Quant au sujet, il est généralement volumineux ; c'est pour cela qu'on ne le greffe pas en fente. Après l'avoir étêté selon une section transversale, en glissant une spatule de bois dur ou d'ivoire entre l'écorce et le bois, on prépare les logements des greffons ; ceux-ci sont

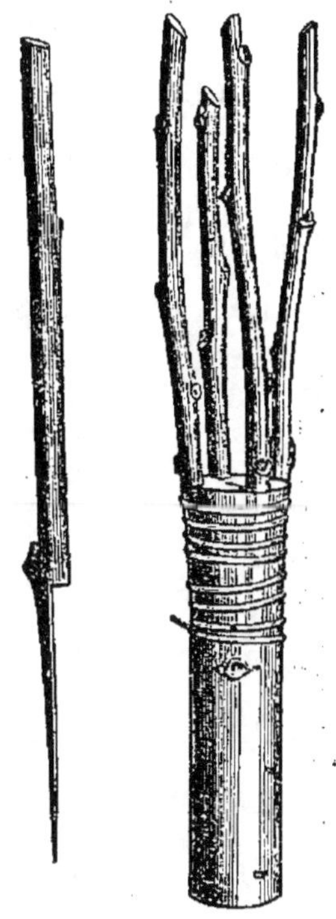

Fig. *33*. Greffe en couronne.

glissés, enfoncés dans ces logements, jusqu'au niveau de leur œil inférieur ; s'il le faut, on fend l'écorce du sujet pour faciliter la pénétration des greffons. Après l'opération, il est urgent de lier solidement et d'engluer.

La quantité de greffons posés sur le même sujet

varie avec le diamètre de celui-ci. Sur une tige de 40 centimètres de circonférence, on peut poser quatre greffons ; toutes leurs pousses ne sont, d'ailleurs, pas conservées, mais leur bourrelet contribue à recouvrir plus vite la grande plaie du sujet.

Les essences citées qui se greffent en fente se greffent aussi en couronne ; la préférence entre cés deux genres de greffe dépend surtout du volume des sujets.

Dans la *greffe en esquille ou greffe anglaise*, il est préférable que greffon et sujet aient le même diamètre, un diamètre assez petit même.

Le sujet, au point de greffe, est taillé en biseau allongé. Par la pensée, divisez la longueur de ce biseau en trois parties égales ; puis, à partir de la première division supérieure, fendez le biseau jusqu'à la seconde en soulevant une esquille de bois. Le greffon étant taillé, lui aussi, en biscau semblable et égal, partagez encore, par la pensée, la hauteur du biseau en trois et, à partir de la première division inférieure, fendez le greffon jusqu'à la division suivante, pour produire une esquille de bois en tout semblable à celle du sujet (fig. 34); ensuite, approchez le greffon, glissez son esquille sous celle du sujet,

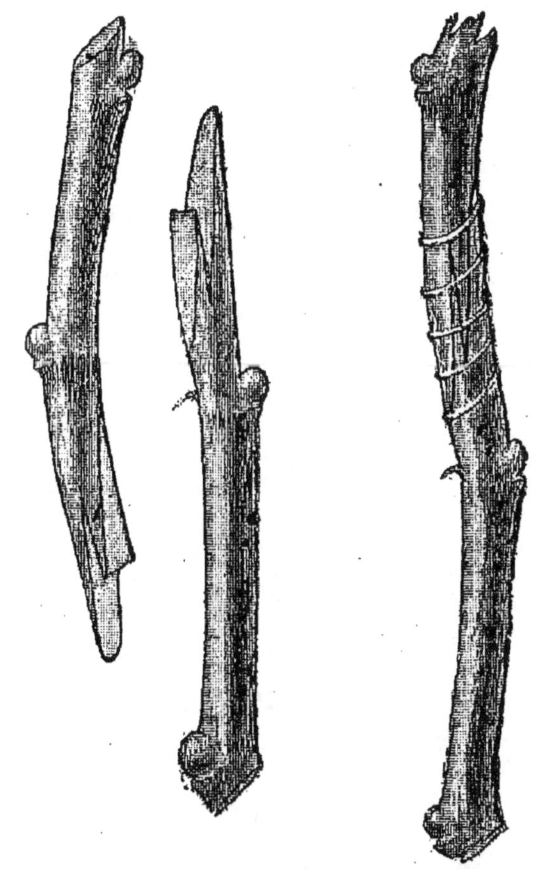

Fig. 34. — (Vigne). Greffe en esquille sur sujet bouture. Les deux figures de gauche représentent le greffon et le sujet préparés, prêts à être accolés. La figure de droite est la greffe terminée.

faites bien coïncider les plaies et surtout les couches génératrices, ligaturez solidement. La greffe est faite (fig. 34).

BELLAIR. *Les Arbres fruitiers.* 5

L'engluement n'est nécessaire que quand le greffon est d'un diamètre inférieur à celui du sujet; comme alors on ne fait coïncider qu'un seul bord de l'écorce du greffon avec le bord correspondant du sujet, il reste nécessairement une portion de la plaie de celui-ci à vif; on l'enduit de mastic.

Ce procédé était d'abord exclusivement employé pour multiplier la *vigne,* mais on l'a adopté à la multiplication du *pommier,* du *poirier,* du *prunier* et même du *pêcher.*

Quand il s'agit de la vigne, on greffe souvent sur un rameau non enraciné, lequel, avec son greffon, est traité plus tard comme une bouture; de là le nom de *greffe bouture* (fig. 34).

La *greffe en écusson* appartient à la catégorie des greffes par bourgeon, dans lesquelles le greffon est composé d'un seul œil porté sur un lambeau d'écorce.

La greffe en écusson se pratique aussi à œil poussant ou dormant; à œil poussant, surtout pour multiplier le *châtaignier,* le *mûrier,* le *noyer;* à œil dormant, pour multiplier les *pêcher, poirier, pommier, cerisier, prunier,* etc.

Disons de suite que ce dernier système est le

meilleur ; il se pratique de juillet au 15 septembre, dans l'ordre suivant : pommier sur paradis, prunier, poirier sur franc, poirier sur cognassier, pêcher sur amandier. Les amandiers sont greffés les derniers, parce qu'ils végètent très tard ; si on les écussonnait plus tôt, l'œil pourrait se déve-

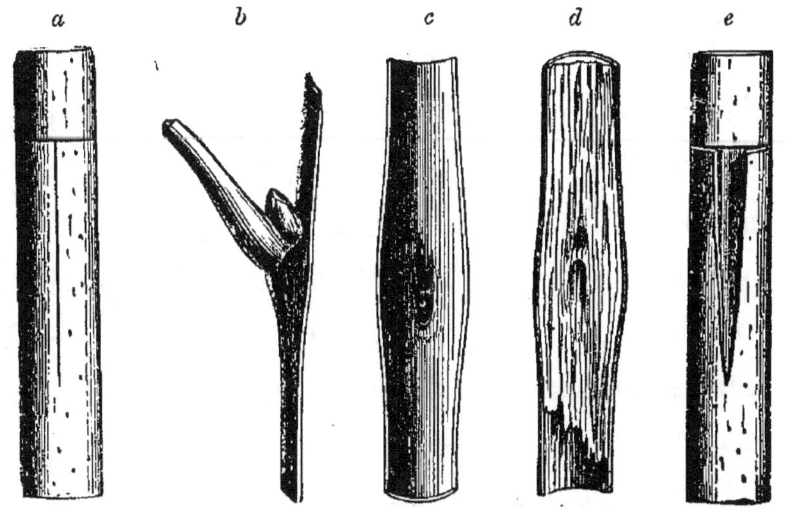

Fig. 35.— Greffe en écusson. a, sujet portant incisions en T. b, écusson vu de profil. c, écusson vidé et mauvais. d, écusson levé avec un peu de bois. e, sujet dont l'écorce est levée pour l'insertion de l'écusson.

lopper ou être « noyé », c'est-à-dire périr par excès de sève.

Si l'on écussonne au printemps, les yeux employés se prennent sur des rameaux de l'année précédente coupés et conservés comme pour être greffés en fente.

Si l'écussonnage se pratique de juillet à septembre, il est choisi des yeux sur la partie moyenne d'un rameau de l'année. C'est là qu'ils sont le mieux constitués. A cet effet, on coupe le rameau et on supprime les feuilles en les sectionnant sur le pétiole à 1 cent. 1/2 de l'œil qu'elles accompagnent (fig. 35).

La tige, ou la partie du sujet sur laquelle on écussonne, ne doit pas être trop volumineuse ni trop vieille (deux à trois ans), pour que le soulèvement de l'écorce soit facile.

Le point de greffe est choisi, selon le besoin; sur les jeunes sujets de pépinières destinés à la formation des « basses tiges », franc, cognassier, amandier, etc.; il est à peu de distance du sol (12 à 15 centimètres) et en un endroit lisse et sain de l'écorce. En ce point, il est fait, à l'aide du greffoir, une incision transversale, puis une autre verticale formant, avec la première, un T. Les bords verticaux de l'écorce sont soulevés à l'aide de la spatule du greffoir, pour former une sorte de logement de l'écusson (fig. 35, e).

Celui-ci est enlevé de la façon suivante : soit le rameau préparé comme il vient d'être dit : un œil

étant choisi, vous incisez transversalement l'écorce
à un centimètre au-dessus de cet œil; puis, tenant
le rameau de la main gauche, le pouce en dessus
et contre l'œil, l'index en dessous, à partir de
cette incision, vous glissez la lame du greffoir horizontalement sous l'écorce; votre outil passe sous
l'œil, en suivant les ondulations du
bois, et vient sortir à un centimètre
au-dessous de l'œil. Celui-ci alors est
saisi par le pétiole; son lambeau ou
écusson d'écorce ne doit pas être trop
épais ni « vidé » (fig. 35, c); il pourrait, dans les deux cas, en résulter un
insuccès.

Glissez cet écusson tout entier sous
les écorces du sujet, puis ligaturez
ferme, en commençant par le haut et
vous servant de laine ou de raphia.

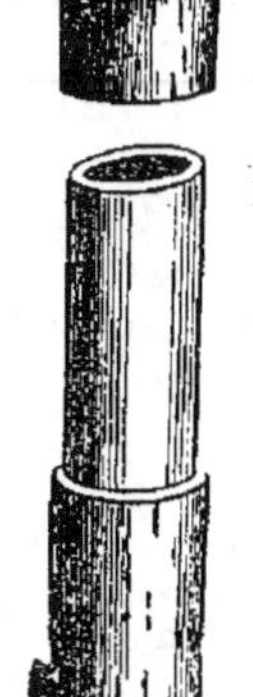

Fig. 36.
Greffe en sifflet.

Si la sève est abondante, la ligature sera plus
serrée au-dessous de l'œil; si elle paraît rare, on
serrera davantage au-dessus.

Le pétiole, qui émerge entre les deux lèvres de
la plaie du sujet, est un précieux indice du succès
de l'opération; si, au bout de quelques jours, il se

détache facilement, l'écusson est soudé ; si, **au** contraire, il résiste et se dessèche, l'opération est presque certainement manquée.

L'année suivante, l'écusson se développe ; on enlève à son profit toutes les autres pousses du sujet, puis on rabat la tige de ce dernier par une coupe faite à quelques centimètres de l'écusson. Cette partie, qui sert à accoler la jeune pousse au moyen de liens, est appelée l'*onglet* (fig. 38 *c.*) ; il sera retranché en B à la fin de l'année.

La *greffe en sifflet* s'emploie fort peu, sauf pour multiplier le noyer, le figuier et le châtaignier. Elle consiste à enlever un anneau d'écorce sur un point du sujet et à le remplacer par un autre anneau de même diamètre, l'*anneau greffon*, qui porte un œil (fig. 36). L'anneau est enlevé avec la spatule du greffoir, après avoir été découpé dans l'écorce au moyen de deux incisions transversales parallèles reliées par une incision verticale). On ligature.

On pratique aussi, dans les jardins fruitiers, la *greffe des boutons à fruit ;* mais cette fois, ce n'est pas dans le but de multiplier les individus, c'est pour décharger un arbre trop garni de boutons, qu'il ne saurait nourrir tous. Ces boutons sont levés comme des écussons (fig. 37) et inoculés sur des arbres vigoureux, mais infertiles, par les procédés

Fig. 37. — Greffes de boutons à fruit.

de l'écussonnage, sauf que l'incision du sujet est en + au lieu d'être en T (fig. 37).

Le greffage des boutons à fruit se pratique en août.

Art. III. — **Plantation.**

Planter, c'est placer un arbre en terre de telle façon qu'il y croisse et y fructifie.

La plantation ne suppose pas seulement une opération mécanique, elle suppose encore le choix de certains arbres greffés sur certains sujets présentant certaines conditions d'âge, de santé et de force.

L'époque de la plantation est celle à laquelle les arbres peuvent supporter cette opération en ne subissant qu'un minimum de fatigue; c'est l'automne, et particulièrement le mois de novembre. Cependant, dans les régions du nord et en terres froides submergées pendant l'hiver, il est préférable de ne planter qu'après les froids, en février et mars.

Dans les terres sèches, légères, il sera urgent de planter avant l'hiver, ce qui permet généralement de tailler la première année.

Le *choix des arbres* se fera, autant que possible, chez un pépiniériste dont le sol est reconnu pour être sain et fertile. C'est le principal moyen d'avoir des sujets vigoureux et bien portants.

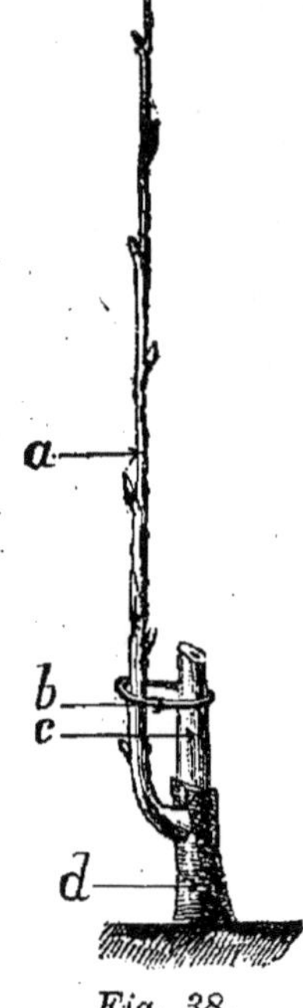

Fig. 38.
Scion d'un an.
a, écusson développé.
c, onglet.
d, sujet.

En outre, ces sujets auront l'écorce lisse et saine, les yeux apparents et peu espacés, les racines bien ramifiées.

L'âge du sujet dépend de ce qu'on en veut faire. Pour planter au jardin fruitier proprement dit, il

est préférable d'adopter le « scion d'un an »
(fig. 38), arbre dont la tige écusson, bien garnie
d'yeux, est âgée d'un an seulement et peut servir
à produire n'importe quelle
forme.

Le poirier plein vent ou de
verger se plante plus tard,
quand il a sept ou huit ans,
c'est-à-dire quand son tronc
et ses premières ramifications
sont bien établies (fig. 39).

Les arbres, quels qu'ils
soient, doivent toujours posséder la presque totalité de
leurs racines, mais on conçoit que cette presque totalité est bien plus facile à conserver à un jeune arbre qu'à
un arbre de sept, huit, neuf

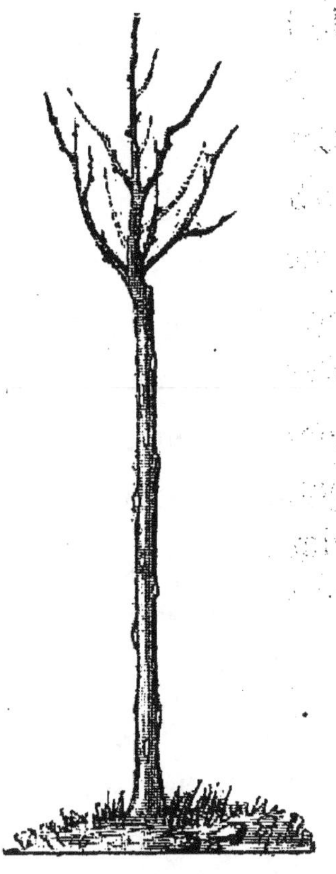

Fig. 39. — Poirier plein vent
âgé de 7 ou 8 ans.

ou dix ans, parce que la dé-
plantation de ce dernier souffre beaucoup plus de
difficultés. C'est en partie pour cela que nous recommandons, au jardin fruitier proprement dit,
la plantation exclusive de scions d'un an. Nous

trouvons que trop souvent les arbres plus âgés sont dénués d'une telle proportion de leurs racines que la lenteur de leur première végétation fait perdre le bénéfice de leur âge.

Sur quels sujets les espèces seront-elles greffées? Cette question est aussi très importante, car tel arbre, le poirier, par exemple, greffé sur cognassier, végétera bien dans une terre fraîche, argileuse, alors qu'il languira dans un sol siliceux. Pour ne pas nous répéter nous traiterons une fois pour toutes cette question du choix des arbres par rapport aux sujets « porte-greffe » dans les chapitres spéciaux à chaque essence.

Avant de planter, le jardinier « habille » les arbres.

L'habillage est cette opération qui consiste à retrancher sur les arbres surtout les parties brisées ou contusionnées des branches et des racines, pour substituer aux plaies dangereuses d'autres plaies saines et guérissables. Ces amputations sont faites à la serpette et « en dessous » sur les racines, c'est-à-dire de façon que les plaies produites reposent à plat sur le sol quand l'arbre sera planté.

Il est bon aussi d'établir une certaine symétrie entre les racines et la forme que présentera l'arbre. Si celui-ci doit avoir une forme pyramidale, le raccourcissement radical du pivot est nécessaire. S'il doit avoir une forme à symétrie bilatérale : palmettes diverses, les racines qui ne sont pas appelées à correspondre immédiatement aux branches qu'on veut établir seront plus sévèrement raccourcies que les autres.

Si, à la réception des arbres, on ne veut ou ne peut pas les planter de suite, il faut les *enjauger*, c'est-à-dire les placer provisoirement par les racines et ensemble dans de petites fosses appelées *jauges*.

Dans la *pratique de la plantation*, on suppose le terrain ameubli comme nous avons indiqué, puis jalonné, c'est-à-dire marqué de place en place pour l'occupation des arbres.

A chaque place, on ouvre un trou assez grand et profond pour contenir, sans les forcer à plier, les racines de l'arbre ; le milieu de ce trou est occupé par de la terre amassée en butte. C'est sur cette butte que l'arbre est posé ; ses racines, régulièrement écartées, sont autour de l'axe (fig. 40).

La *profondeur* ne doit pas être trop considérable. Le plus simple est de placer la première couronne de racines à 5 ou 6 centimètres du niveau du sol en terre fraîche, et à 8 ou 10 centimètres en terre sèche. En tous les cas, jamais le « bourrelet » de la greffe ne doit être enterré; il pourrait

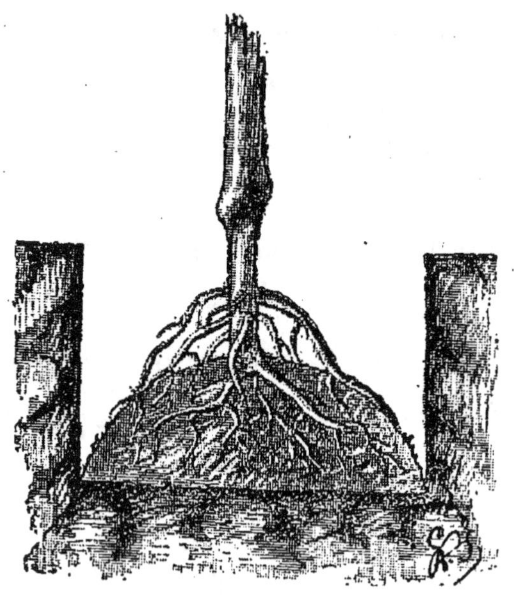

Fig. 40. — Pratique de la plantation.

en résulter l'affranchissement du greffon par émission de racines adventives, comme dans le marcottage, et cet affranchissement est presque toujours préjudiciable à la qualité des fruits.

En espalier, les scions d'un an sont disposés à

10 centimètres du mur, pour que le grossissement de la tige ne soit pas empêché. En plein air, les arbres sont orientés de manière à présenter la partie faible de leur ramure à l'exposition du midi.

Immédiatement en contact avec les plus jeunes racines, il est jeté un peu de terreau, dans lequel elles se développent plus promptement et plus facilement. Cette opération s'appelle *amorcer*; puis on jette la terre extraite, la plus fine, que l'on fait pénétrer avec la main entre les fortes racines, pour qu'il n'y ait point de vides. Enfin, le trou est comblé et un peu affaîté, pour compenser le tassement du sol.

Après la plantation, le sol ne sera pas tassé par un piétinement qui aurait pour résultat de briser certaines racines. L'arbre ne sera pas non plus immédiatement palissé ; un palissage trop prompt l'empêcherait de suivre la terre dans le mouvement de retrait que provoque un tassement naturel et lent.

Au printemps, le sol, au pied des arbres, est garni d'un paillis (fumier demi-décomposé) assez épais, qui maintiendra dans le voisinage des racines une humidité bienfaisante.

Art. IV. — **Taille et direction des arbres.**

QU'EST-CE QUE TAILLER ET POURQUOI TAILLE-T-ON ?

Tailler, c'est retrancher à un arbre certains organes, certaines portions, pour obtenir certains résultats.

On taille les arbres pour leur faire prendre une forme qui soit favorable à leur culture sur les surfaces murales ou autrement, et propice à l'action de la lumière, de la chaleur, de l'air, sur leurs parties aériennes.

Mais, en définitive, la forme, l'éclairage, l'aérage, l'insolation, ne sont que des moyens que nous utilisons pour atteindre le but final et unique : la fructification, le fruit.

Toute la taille des arbres roule sur les faits suivants :

1° Sur une branche, une jeune tige d'arbre, l'extrémité seule, la partie terminale est l'objet d'une végétation véritablement active et apparente, qui se manifeste par la transformation des organes préexistants en organes nouveaux plus considé-

rables (transformation des « yeux » ou bourgeons
en rameaux). Pour cette raison, on a appelé cette
partie terminale des tiges et des branches leur
sommet végétatif.

2° Les organes (yeux, rameaux),
qui sont situés à une trop grande
distance du sommet végétatif de leur
branche ou tige génératrice, restent
inertes, s'atrophient et disparaissent. (Comparez les yeux tout petits
de l'extrême base d'un long rameau
de poirier aux yeux bien plus volumineux de son sommet.)

3° Il est possible quand même
de provoquer l'accroissement de ces
organes basifuges en anéantissant
le sommet végétatif normal et en
rétablissant un sommet végétatif artificiel dans leur voisinage, par une

Fig. 41. — Sommet
végétatif artificiel
établi par la taille en *b*.

taille faite au-dessus d'eux. Exemple : sur le jeune
scion (fig. 41), pour faire développer en branches
les yeux *a* de sa base, nous amputerons la tige
au-dessus de ces organes, en *b,* qui devient le
nouveau sommet végétatif.

Pour ces raisons, le point de taille doit toujours être un organe quelconque : un œil, un bouton, un rameau. On coupe au-dessus et tout près de cet œil, de ce bouton, de ce rameau.

Il est essentiel aussi que la plaie présente une surface oblique, inclinée du côté opposé à l'organe qui a servi de point de taille.

Il y a DEUX SORTES DE TAILLE :

1° Taille hivernale. — La *taille hivernale,* qui s'applique pendant la période comprise entre la chute des feuilles et leur réapparition (de novembre en avril-mai).

Dans le Midi, on peut indifféremment tailler au commencement ou à la fin de cette période. Sous le climat de Paris, il est préférable de ne tailler qu'après les grands froids.

2° Taille estivale. — La *taille estivale,* dont les différentes opérations sont mises en œuvre pendant toute la végétation active des arbres (de mai en octobre).

Toutes les pratiques de ces deux sortes de taille ne procèdent pas nécessairement par des ablations;

il y en a qui, comme le *dressage*, le *palissage*, les *incisions*, les *entailles*, l'*arcure*, ne soustraient rien aux arbres ; elles ne sont que des opérations complémentaires de la taille.

Voici les différentes opérations :

Opérations de la taille d'hiver. — Ce sont les suivantes :

1° L'*émondage* : c'est l'enlèvement des bois morts, et par extension celui des mousses qui revêtent souvent les troncs d'arbres.

2° L'*élagage* : il a pour but la suppression de branches mal placées, mal conformées, exerçant sur les autres ou sur la symétrie de l'arbre en plein vent une action nuisible. Le mieux est d'enlever ces branches quand elles sont jeunes, on évite ainsi les larges plaies.

3° L'*écimage* : c'est la suppression de la partie extraterminale d'un rameau, d'une branche ou d'une tige pour obtenir une ramification au point de taille.

4° Le *rabattage* est bien plus radical ; il consiste à couper la branche près de son attache ou la tige d'un arbre près du sol. Dans le jardin fruitier proprement dit, la première taille qu'on inflige aux jeunes sujets, pour les former, est un rabattage.

5°, 6°, 7° Le *rapprochement*, le *ravalement*, le *recépage* ne s'appliquent qu'à des arbres déjà âgés et, de la manière que l'on comprend ces opérations, il ne saurait en être autrement.

En effet : rapprocher, c'est tailler en pratiquant la coupe sur du bois de deux ans, c'est-à-dire bien au-dessous d'où l'on taille habituellement.

Ravaler, c'est tailler plus sévèrement encore, en supprimant des parties âgées de trois, quatre ans ou plus.

Enfin recéper, c'est amputer le tronc de l'arbre en taillant à une faible distance du sol. Comme on peut le constater, le recépage et le rabattage ont beaucoup d'analogie ; ils signifient tous deux la suppression, la coupe de la tige près du sol, mais tandis que, quand il s'agit d'une tige d'un an, on dit qu'elle est *rabattue,* quand il s'agit d'une tige plus âgée d'un arbre formé, on dit qu'elle est *recépée*.

Ces trois opérations : le rapprochement, le ravalement, le recépage ne s'appliquent qu'aux arbres dont on veut anéantir, pour la mieux reconstituer, tout ou partie de la forme, de la ramure. (Voyez *Restauration des arbres*.)

8° Le *dressage* : c'est la direction des branches

Fig. 42. — Palissage à la loque.

de l'arbre selon certaines lignes pour en obtenir certaines formes.

9° Le *palissage* complète le dressage. Il ne suffit

pas, en effet, de diriger, de dresser les branches,
il faut les maintenir dans ces directions. On obtient
ce résultat par le palissage, qui consiste à fixer les
branches selon certaines lignes voulues, en les
attachant sur un treillage, sur des tuteurs, sur les
murs, au moyen de liens ou de loques et de clous.
Le palissage à la loque suppose les branches prises
dans un morceau de lisière, dont les deux bouts,
ramenés l'un sur l'autre, sont fixés au mur par un
clou (fig. 42). Ce palissage est plus coûteux que
l'autre, il nécessite, sur les murs, la présence d'un
enduit en plâtre d'au moins 3 centimètres d'épaisseur.

10° L'*arcure* est cette pratique horticole, fort
ancienne déjà, par laquelle certaines branches ont
leur pointe dirigée vers le sol et, au besoin, rame-
née vers leur base pour décrire un arc de cercle.
L'arcure a pour résultat de provoquer sur les branches opérées l'apparition d'organes fructifères. On
l'applique plus spécialement aux arbres à fruits à
pépins : poirier, pommier, vigne. En tous les cas,
il ne doit être ni permanent, ni appliqué d'une
façon courante.

11° La *torsion* rappelle l'arcure, elle en est le

diminutif, en ce sens qu'au lieu de l'appliquer à une branche entière, on ne l'inflige qu'à une portion de rameau et aussi sur les mêmes essences.

12° Le *cassement* résulte de la suppression d'extrémité de branches fruitières faites sans le secours d'aucun outil tranchant. On croit généralement que les plaies formées ainsi prédisposent les branches à fructifier, mieux que ne le ferait une coupe nette et saine.

Des arboriculteurs ont imaginé aussi le *cassement partiel*. Par cette opération, la partie rompue du rameau reste pendante, attachée encore par quelques fibres d'aubier et d'écorce. Quoique l'on ait dit beaucoup de bien du cassement en général, nous ne le croyons pas appelé à devenir une pratique courante de l'arboriculture, étant donné, du reste, que si on a scrupuleusement appliqué d'autres opérations meilleures, plus rien ne motive son emploi.

13° L'*éborgnage* est la suppression d'yeux dont on n'a aucun besoin et qui eussent pu devenir des rameaux en dépensant mal à propos les sucs nourriciers de l'arbre.

Opérations de la taille estivale. — Ce sont les suivantes :

1° L'*entaille*. — Elle a pour but l'ablation d'une légère portion d'écorce et de bois, pratiquée soit au-dessus d'un œil ou d'une branche et alors à leur bénéfice, soit au-dessous de ces mêmes organes et alors à leur préjudice. C'est-à-dire que dans le premier cas, la sève, dont le cours est interrompu au-dessus des organes, agit sur eux, les fait profiter, tandis que dans l'autre cas, elle est détournée d'eux, d'où un résultat inverse.

On opère dès le début de la végétation (fig. 43).

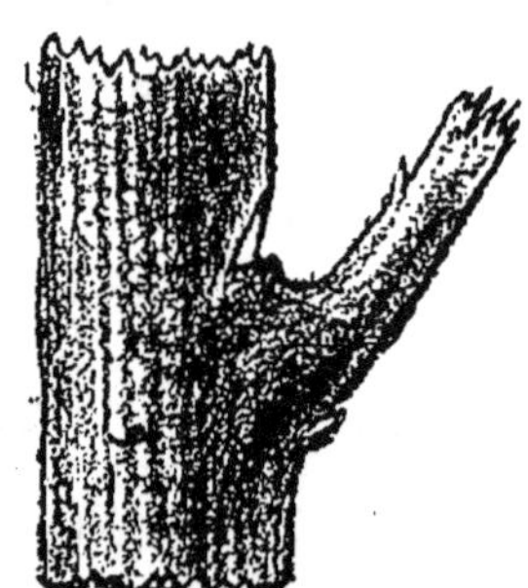

Fig. 43. — Entaille.

2° Les *incisions* sont de simples coupures, des taillades faites dans l'écorce, ou bien ce sont des ablations de lambeaux d'écorce étroits et circulaires. On emploie :

a L'*incision transversale* au-dessous ou au-dessus des yeux et dans le même but que l'entaille, mais seulement sur des rameaux trop faibles pour être entaillés.

b L'*incision longitudinale*. — Elle est faite dans le sens de la longueur des troncs ou des branches, pour provoquer leur grossissement, en permettant à l'écorce de former de nouveaux tissus qui augmentent sa circonférence.

Quand l'incision doit être faite sur une grande longueur, il vaut mieux lui substituer plusieurs incisions situées dans le prolongement les unes des autres et séparées entre elles par des intervalles de quelques centimètres.

Les incisions se pratiquent de préférence au printemps.

c L'*incision annulaire* ou ablation d'un anneau d'écorce sur toute la circonférence et généralement à la base d'un rameau, d'une branche, a pour but d'empêcher la dispersion, au-dessous de cet anneau, des éléments de la sève plastique formée au-dessus.

Pour opérer sur les rameaux peu volumineux (sarments de vigne), on emploie un outil spécial, sorte de pince appelée *bagueur, coupe-sève ;* l'anneau ne doit pas mesurer plus de 0,01 de haut sur les grosses branches et 2 ou 3 millimètres sur les rameaux (fig. 44).

Fig. 44. — Incision annulaire.

Sur les grosses branches, on agit avec la serpette.

Le résultat de l'incision annulaire est souvent la mise à fruit de la partie supérieure à l'incision ou le développement plus considérable du fruit préexistant (voyez *la vigne*).

Pratiquée sur la tige d'un arbre, elle présente quelque danger.

C'est encore au printemps que l'incision annulaire est appliquée aux arbres.

3° L'*ébourgeonnement* est l'une des premières opérations de la taille estivale ; il consiste à détacher sur certaines parties de l'arbre divers rameaux naissants dont la présence est inutile ou nuisible. L'ébourgeonnement se pratique très tôt, mais en plusieurs fois ; les arbres faibles ou âgés sont ébourgeonnés les premiers et, sur un même arbre, les parties trop vigoureuses s'ébourgeonnent avant les parties faibles.

4° Le *pincement* est la suppression de l'extrémité herbacée d'un jeune rameau coupée avec les ongles. Le but du pincement est de rapprocher le sommet végétatif plus près des organes inférieurs de la branche amputée, pour qu'ils puissent en recevoir davantage de sève plastique ou sève élaborée. La végétation détournée, en quelque sorte, d'un certain point, se manifeste davantage sur d'autres points plus importants.

Le pincement, comme la taille, est pratiqué au-dessus d'un œil, appelé pour cela *œil de pincement*. On pince tôt, non avant cependant que les jeunes rameaux aient acquis une certaine consistance demi-ligneuse à leur base.

Dans des cas particuliers, quand un premier pin-

cement a eu pour résultat de provoquer le développement de l'œil de pincement en un rameau de deuxième génération ou *prompt bourgeon,* on répète l'opération (le pincement) sur lui.

5° La *courbure,* qui se pratique en été, a pour objet de diriger la branche selon certaines courbes et de les maintenir ainsi au moyen de liens, pour faire prendre à l'ensemble de l'arbre une forme déterminée à l'avance.

6° La *taille en vert* est faite au sécateur sur des parties âgées de plusieurs mois dont la présence est devenue inutile, elle ne se pratique qu'après l'ébourgeonnement et le pincement. Le pêcher et la vigne surtout sont soumis à cette opération. Le poirier ne la supporte pas avec autant de succès.

7° Le *palissage en vert* n'est pas autre chose, quant à l'opération manuelle, que le palissage d'hiver, pratiqué en été sur des branches feuillées : branches charpentières et branches fruitières.

En espalier, le palissage des branches fruitières, en approchant les fruits des surfaces murales, leur procure une somme plus considérable de chaleur qui hâte la maturité.

Comme les autres opérations, le palissage **se** pratique en plusieurs fois. On commence toujours par les parties les plus fortes, leur croissance se trouve ainsi ralentie au bénéfice des parties faibles restées libres. Ces dernières ne seront palissées que plus tard. Les rameaux palissés ne devront pas se recouvrir mutuellement ; chaque lien n'embrassera qu'un seul rameau.

8° *L'éclaircie des fruits* exprime la suppression d'une fraction des fruits sur les arbres qui en sont trop abondamment pourvus. Le but de cette opération est de permettre aux fruits réservés d'acquérir un plus fort développement, de ménager la santé des arbres naturellement faibles, et aussi, d'assurer la fertilité des années subséquentes ; elle donne à l'arbre la faculté d'épargner chaque été la provision de matière plastique nécessaire à la production de nouveaux organes fertiles.

9° *L'effeuillage* est la suppression de certaines feuilles, faite dans le but d'augmenter la coloration des fruits en les démasquant et en les exposant plus directement à l'action du soleil, ce grand générateur de la couleur.

L'effeuillage ne doit être fait que très tard,

quand les fruits ont cessé de grossir, et en plusieurs fois. Autant que possible, les feuilles immédiatement voisines des fruits ne sont pas enlevées ou, si elles le sont, c'est tout à fait en dernier lieu.

10° La *récolte* est l'action de recueillir les fruits pour les consommer ou les conserver.

Ceux que l'on récolte pour les consommer de suite se distinguent des autres en ce sens qu'ils mûrissent sur l'arbre ; les fruits qui se conservent, au contraire, à part le raisin, ne sont point mûrs quand on les cueille ; ils mûrissent dans les fruitiers, dans les locaux où on les a rentrés à dessein de les garder.

Bien qu'il y ait pour chaque variété de fruit une époque de maturité, cette époque ne pourrait être indiquée comme une donnée très précise, à cause des fluctuations de la température et de leur influence. L'on peut avancer, par exemple, que par les années exceptionnellement chaudes, la maturité est avancée, tandis que par les années exceptionnellement froides cette maturité est reculée.

On constate bien facilement que la maturité de la pêche, des raisins, est avancée ou reculée par les modifications de la température et, forcément d'ailleurs, on avance ou retarde leur récolte; mais, lorsqu'il s'agit des poires ou des pommes, on a une tendance : celle d'admettre, pour la cueillette de chaque variété de ces fruits, une époque fixe et invariable. L'excuse est toute trouvée, les fruits mûriront au fruitier, dit-on, mais ces fruits donnent parfois un gênant démenti; c'est ce qui arrive quand, au moment de la récolte, ils n'ont pas reçu la somme de chaleur et, par suite, la somme de principes plastiques nécessaires à l'accomplissement normal de leur maturité au fruitier.

Il faut donc que les poires, les pommes aient acquis, au moment de la cueille, une sorte de maturité particulière, la *maturité de la récolte*, si l'on peut s'exprimer ainsi; l'autre, la maturité définitive et absolue, dépend de la première.

Quand nous traiterons spécialement de la culture des espèces, nous indiquerons comment et à quelle époque se doit faire la cueille de leurs fruits.

11° La *greffe des boutons à fruit,* que nous avons traitée plus haut dans le chapitre *Multiplication des arbres fruitiers,* est aussi considérée comme opération de la taille estivale des arbres.

Art. V. — **Culture annuelle du sol.**

Nous désignons par culture annuelle du sol l'ensemble des travaux qui ont pour objet de maintenir la terre arable du jardin fruitier dans un état spécial de perméabilité, de propreté et de moiteur.

Chaque année, après que les arbres ont été taillés, le sol est ameubli par un labour superficiel donné au trident (sorte de fourche à trois dents plates).

Si cela est nécessaire, on enfouit, par ce labour, des engrais préalablement répandus à la surface.

Au printemps, en avril et mai, il est répandu sur le sol, au pied des arbres à racines fasciculées ou traçantes, une couche de paillis épaisse de 4 à 5 centimètres. Le paillis, ou fumier décomposé, en empêchant l'évaporation du sol qu'il couvre, maintient dans le voisinage des racines une moiteur favorable à leur élongation et à leur fonctionnement. Il ne faut donc pas négliger ce procédé de culture, surtout à l'égard des arbres nouvellement plantés, des espèces à racines peu profondes (poirier greffé sur cognassier, vigne, pêcher greffé sur prunier, etc.), végétant dans un sol relativement sec.

Pendant l'été, il sera donné des binages. Biner le sol, c'est entamer la croûte à l'aide d'un outil appelé *binette*. On bine pour anéantir les mauvaises herbes, aérer le sol et diminuer l'action desséchante de l'air.

Art. VI. — **Principales formes données aux arbres.**

Les formes ont été imaginées pour deux raisons principales, d'abord parce qu'elles permettent que toutes les parties de l'arbre soient impressionnées par l'air et la lumière, deux agents fertilisants d'une grande puissance ; ensuite, parce qu'elles rendent possible l'utilisation de la chaleur des murs contre lesquels on applique leurs branches « *en espalier* », comme on dit.

Les formes sont symétriques ; cette symétrie s'impose, en quelque sorte, par la nature même de la végétation ; elle préexiste, si l'on peut dire. Seulement, tandis qu'à l'état libre les arbres ont une symétrie moins apparente que réelle et quelquefois contrariée par les influences extérieures ; à l'état domestique, nos poiriers, nos pêchers ont une symétrie rigoureuse, presque mathématique.

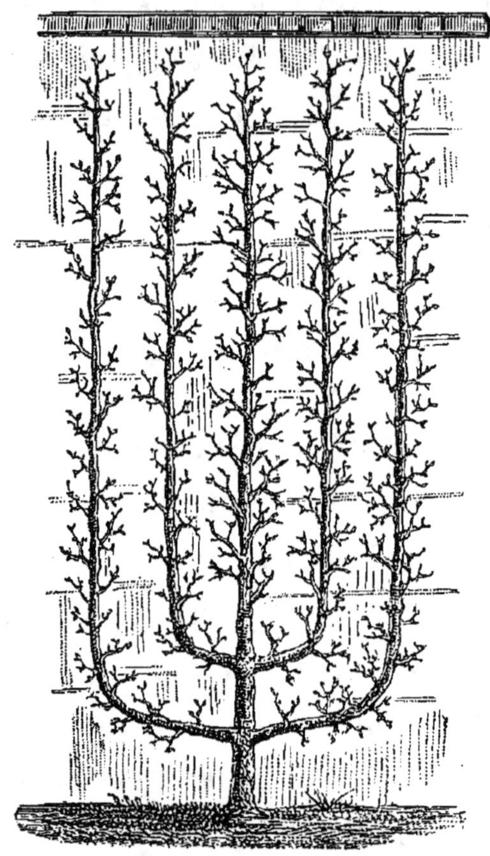

Fig. 45. — Le candélabre. Forme à symétrie bilatérale.

On peut ranger toutes les formes en deux classes :

1re classe : les *formes à symétrie bilatérale.*

Elles sont caractérisées par la répétition de parties semblables à droite et à gauche d'un plan médian, qui est la tige. Exemple, les palmettes horizontales ou verticales, simples ou doubles, le candélabre (fig. 45).

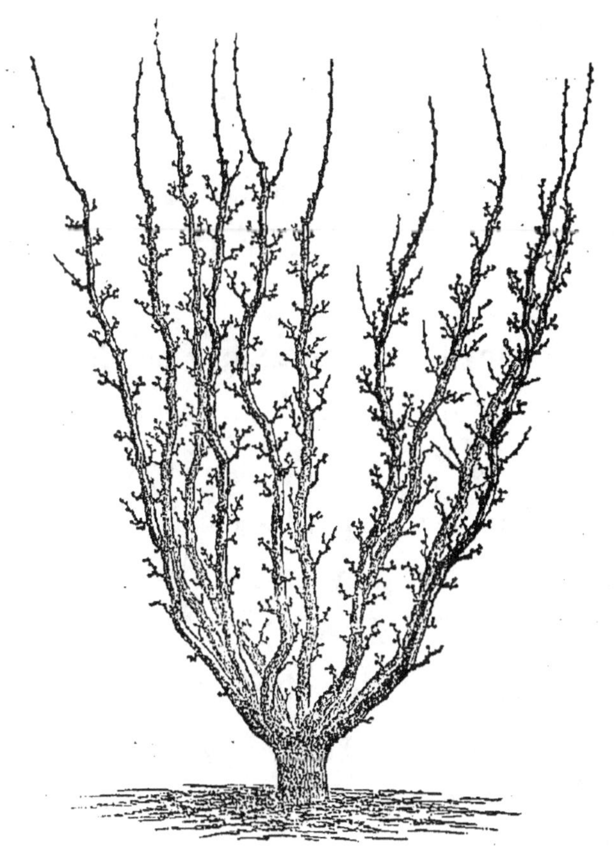

Fig. 46. — Poirier en forme de vase. (Forme à symétrie rayonnante.)

2ᵉ classe : les *formes à symétrie rayonnante.* Chez elles, la répétition des parties semblables se fait tout autour du centre, qui est la tige de l'arbre. Exemple : la pyramide, le vase (fig. 46). Ces formes sont *libres,* les autres, au contraire, sont *palissées,* fixées contre un treillage élevé en plein air (contre-espalier), ou bien attachées près des murs (espalier).

Quel que soit leur genre de symétrie, ces formes sont grandes ou petites, leurs branches principales ou charpentières sont horizontales (palmette horizontale), ou obliques (pyramide), ou verticales (candélabre).

La longueur de ces branches ne doit pas dépendre de la seule volonté du jardinier, mais de la croissance de l'arbre, de sa force végétative. Sur ces branches charpentières, il est établi de petites ramifications dont la longueur est fixe, ce sont les branches fruitières.

Pour le jardin, ou doit préférer les formes présentant les qualités suivantes : obtention facile et peu coûteuse ; symétrie parfaite ; aérage et éclairage suffisants.

Ces formes sont les suivantes :

Pour la vigne : la *Thomery* et le *Cordon vertical.*

Pour le poirier et le pommier : la *pyramide*, le *vase ou gobelet*, la *palmette verticale double* à un nombre variable de branches, la *palmette verticale simple*, la *palmette horizontale double*, la *palmette horizontale simple*, le *cordon horizontal*.

Pour le pêcher : le *candélabre*, la *palmette verticale double*, les *palmettes alternes*, la *palmette en U simple*.

DEUXIÈME PARTIE

CULTURES SPÉCIALES

CHAPITRE PREMIER

FRUITS BACCIFORMES

Article premier. — **La vigne.**

Partie comestible : LE FRUIT ENTIER (PÉRICARPE).

Description. — **Historique.** — La vigne (fig. 47) est un arbre sarmenteux à tiges et rameaux grimpants, s'attachant aux objets environnants au moyen de *vrilles*. Les feuilles sont quinquélobées, dentées et alternes; le bourgeon ou œil qu'elles portent à leur aisselle s'appelle *bourre*. La bourre, en se développant, produit le bois et les fleurs; celles-ci sont réunies en grappes composées auxquelles succèdent des grappes de fruits baxiformes jaunes, dorés, rouges ou noirs. Les racines de la

vigne sont excessivement développées, demi-tra-
çantes, demi-pivotantes.

Cultivée en France depuis la fondation de Mar-

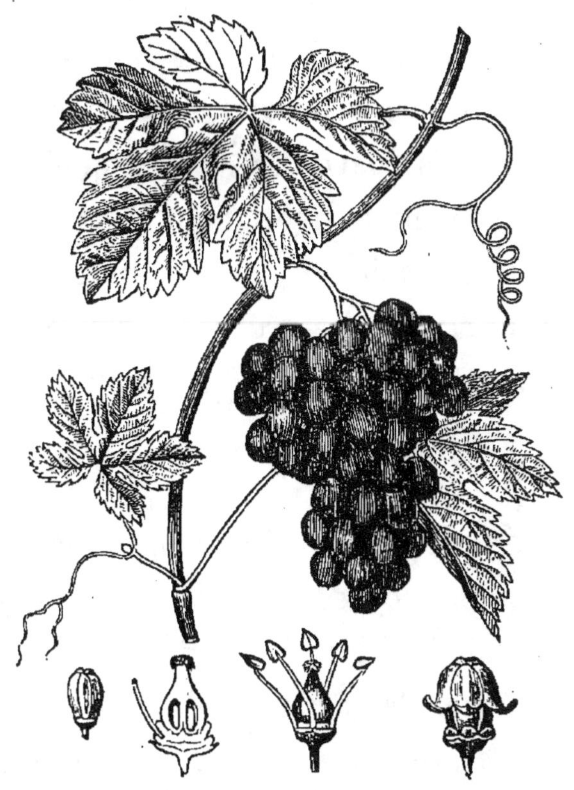

Fig. 47. — Vigne. Feuille, fruit, fleur.

seille, la vigne nous serait venue de Géorgie par
la Grèce et l'Italie. Elle subsistait néanmoins sur
notre sol à une époque préhistorique, ou du moins
la découverte d'empreintes de feuilles de vigne,

BELLAIR. *Les Arbres fruitiers.* 7

dans les gisements tertiaires de certaines régions, semble le prouver.

Espèce et Variétés. — L'espèce cultivée est la vigne à vin, Vigne vinifère, *Vitis vinifera* des botanistes. Cette espèce a produit un nombre considérable de variétés, parmi lesquelles quelques-unes sont exclusivement cultivées pour la consommation de leurs fruits à l'état frais. Ces fruits, selon leur origine, sont à maturité précoce, intermédiaire ou tardive ; c'est comme cela que nous les classerons.

Maturité précoce : *Madeleine noire* ou Morillon hâtif.— Grappes petites, obtuses, grains nombreux et pressés, noirs. Maturité : fin juillet. Qualité : bonne. Plant fertile et vigoureux.

Précoce de Malingre. — Grappes moyennes à grains petits, jaune doré, ovoïdes. Maturité, fin août. Qualité assez bonne. Plant fertile, de vigueur modérée.

Maturité intermédiaire : *Chasselas doré,* le plus répandu de tous ; on l'appelle aussi *Chasselas de*

Fontainebleau. — Grappes fortes, irrégulièrement larges, grains ronds, couleur d'ambre et opalins. Maturité : 1re quinzaine de septembre. Qualité : très bonne. Plant vigoureux et fertile.

Chasselas rose. — Grappes moyennes, grains gros et roses. Maturité : 2° quinzaine de septembre. Qualité : très bonne. Plant d'une vigueur et d'une fertilité moyennes.

Maturité tardive : *Frankental.* — Grappes volumineuses, grains très gros, ovoïdes, noirs. Maturité : fin septembre. Qualité : très bonne. Plant vigoureux et fertile.

CULTURE

Conditions de milieu. — Les conditions de milieu ont trait au climat, au sol, à l'exposition.

Quant au climat, la vigne, après l'oranger et l'olivier, est la plus exigeante de nos espèces fruitières ; on ne peut plus la cultiver sans abri au nord d'une ligne qui, partant de l'embouchure de la Loire, finit au midi du département des Ardennes. Elle gèle à — 18° et même à — 10°, quand cette dernière température persiste trop longtemps. A + 9° 1/2, elle bourgeonne, et fleurît par une chaleur de + 15 à 18°. Sous le climat de Paris, la vigne est surtout cultivée en espalier, aux plus chaudes expositions : midi, ouest, est. Les qualités sucrées de son fruit sont en raison directe de l'insolation et de la somme de chaleur qu'il a reçues. Sous un climat humide et brumeux, comme celui de la Normandie, la vigne ne mûrit pas ses fruits. Ce qu'il faut surtout à cette plante, c'est une chaleur estivale puissante.

Tous les sols conviennent à sa culture, pourvu qu'ils soient sains. L'humidité terrestre est, en effet, la chose que la vigne redoute le plus.

Le sud-est, le sud et l'est, voici les trois meilleures expositions auxquelles on devra cultiver la vigne en espalier. L'ouest et le sud-ouest sont aussi de bonnes expositions, surtout avec des terres sèches.

Multiplication. — La vigne se multiplie par semis, bouturage simple ou compliqué, marcottage simple, marcottage chinois et greffage en esquille[1].

---

1. Voir, pour la description de ces procédés, le chapitre spécial : *Multiplication des arbres fruitiers.*

On greffe la vigne surtout dans le but d'augmenter la vigueur des variétés, et aussi pour permettre à cet arbuste de résister au phylloxera.

Plantation. — Les jeunes plants proviendront
de boutures ou de marcottes. Les marcottes sont

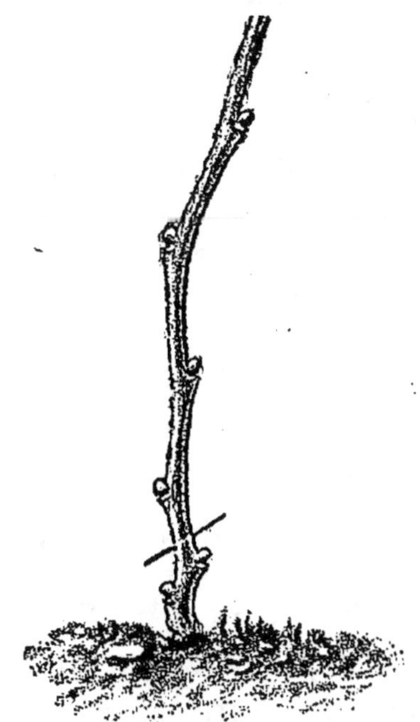

Fig. 48. — Taille de la vigne après plantation.

préférables, quand elles sont détachées de pieds
générateurs encore jeunes.

La terre ayant été fumée et ameublie, comme il
est dit page 43, des trous sont ouverts aux places
que doivent occuper les plants.

Si le terrain est riche, de même s'il n'est pas très sain, on plantera immédiatement contre le mur. Si, au contraire, le terrain étant sain est, avec cela, naturellement pauvre, on plantera à un mètre en avant du mur, près duquel la vigne sera amenée, en deux ans, par deux couchages successifs.

Si le mode de forme ou la hauteur du mur provoquent un rapprochement considérable des pieds entre eux, on peut éviter ce rapprochement toujours préjudiciable en plantant une moitié des pieds de l'autre côté du mur et en faisant passer, où on a besoin de la posséder, chaque tige à travers la maçonnerie.

La profondeur à laquelle on plante dépend de la consistance et de la nature du terrain. Dans les sols très secs, les racines doivent se trouver plus profondément (40 à 45 centimètres) que dans les sols frais un peu argileux (30 à 35 centimètres).

Quant à la distance à réserver entre les plants, elle est tout à fait dépendante du genre de forme adopté, de la hauteur du mur, etc. (Voyez plus loin les formes *Thomery, Palmettes verticales.*)

Taille. — La *taille*, après la plantation, se fait invariablement à deux yeux au-dessus du sol, avec onglet d'un centimètre et demi environ (fig. 48); cet onglet protège l'œil de taille. Pendant la végétation, les rameaux que produisent ces deux yeux sont palissés verticalement et pincés, l'un à environ 1 m. de haut, l'autre à 25 centimètres.

Taille hivernale de la vigne. — *Obtention des formes.* — La taille hivernale ne s'applique à la vigne qu'après les grands froids (février, mars), à cause de la constitution molle du bois. On doit cependant tailler avant que la sève ascendante ne soit en mouvement, autrement il en résulterait une perte nuisible de cette sève, qui s'écoule toujours par les plaies faites pendant la période d'ascension.

En espalier, la vigne prend le nom de *treille*.

Il y a deux genres de treilles : la *treille Thomery* et la *treille palmette.*

Thomery. — Ce nom est celui du pays où cette forme d'espalier fut imaginée. La treille à la Thomery est composée de toute une série de pieds de vigne, élevés d'abord sur une tige, nus puis bifur-

qués à des hauteurs différentes — de 50 en 50 centimètres — en deux bras bilatéraux formant le T

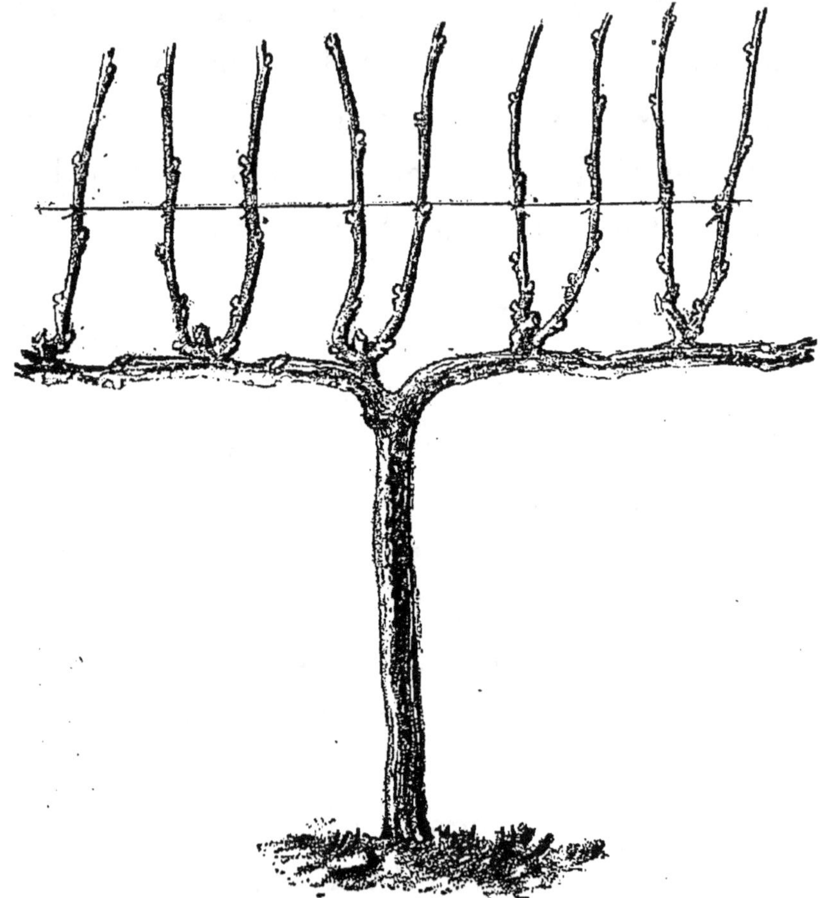

Fig. 49. — Treille à la Thomery, fragment avec branches fruitières
non taillées.

(fig. 49). C'est sur ces bras ainsi étagés que sont
établies les branches fruitières ou coursonnes. Par
exception, ici, la longueur totale de ces deux bras

est fixée à 3 m., 1 m. 50 pour chacun. La plantation est établie pour que les bras, arrivés à l'extrémité de leur course, en rencontrent d'autres dont
la croissance s'achève également.

L'échelonnement des cordons, en hauteur, la
rencontre des bras voisins sur la même ligne, en
un mot toute cette combinaison permet d'occuper
la surface totale du mur contre lequel la vigne est
cultivée (fig. 50).

La distance à laquelle les pieds de vigne doivent
être plantés pour former une Thomery, dépend
absolument de la hauteur du mur, c'est-à-dire du
nombre de cordons que le jardinier peut établir.

Étant donnés 3 m., longueur totale des deux
bras réunis d'un T, il suffit de diviser cette quantité constante par le nombre de cordons que l'on
désire former pour avoir exactement l'écartement
qui devra séparer les pieds entre eux. Exemple :
Soit un mur de 3 m. de haut; on peut installer
contre ce mur 5 cordons superposés; le premier
étant à 40 centimètres du sol; le dernier à 60 centimètres du chaperon. (3 : 5 = 0 m. 60. 0 m. 60
est l'espace qui devra séparer les pieds entre eux.)

Dans l'ancien système, le pied n° 1 forme le

cordon n° 1, le pied n° 2 le cordon n° 2, ainsi de suite ; il est préférable de former avec les pieds successifs, d'abord les cordons impairs, puis les cordons pairs : 1, 3, 5, 2, 4. — 1, 3, 5, 2, 4, etc. (fig. 50).

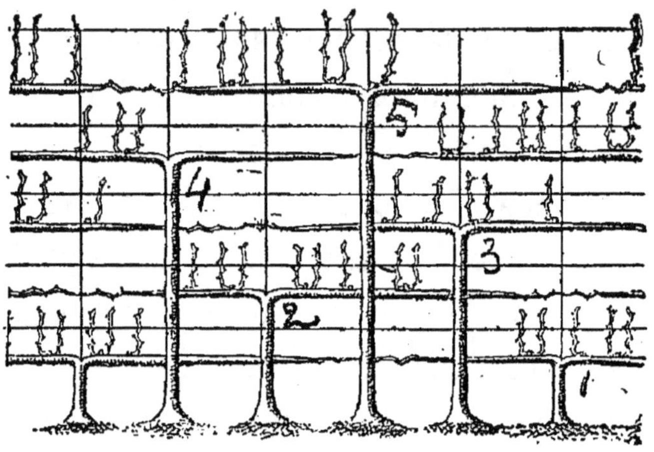

Fig. 50 — Treille à la Thomery ; mode de superposition des cordons.

L'année qui suit la plantation, le jardinier peut généralement obtenir tous les cordons inférieurs (40 centimètres au-dessus du sol). Mais d'abord il réduit chaque pied à un seul sarment, le plus fort, puis sur chaque pied destiné à procurer un cordon n° 1, il saisit le sarment à traiter et y choisit un œil un peu au-dessous (à 4 ou 5 centimètres) du point de bifurcation. A cet œil, il joint celui qui suit immédiatement et taille à ce niveau en laissant l'onglet réglementaire.

Ces yeux de choix, que nous appellerons *yeux*

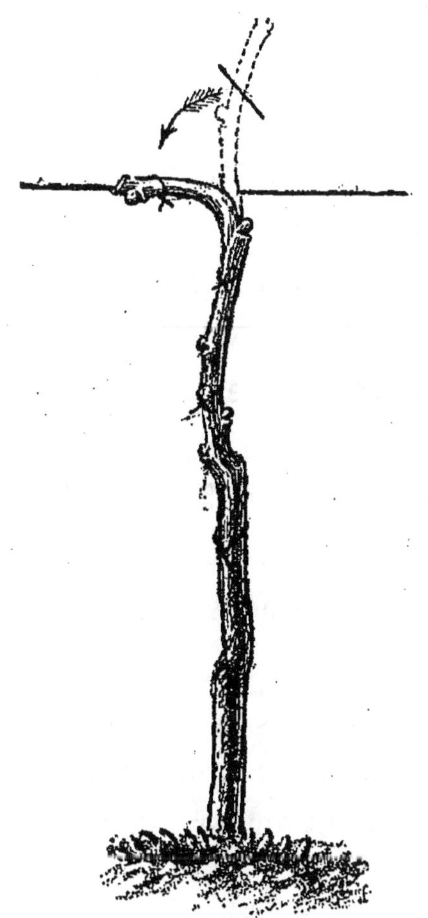

Fig. 51. — Taille et palissage pour l'obtention d'un **T de Thomery**.

combinés, sont l'origine des bras du T (fig. 51). Mais il faut encore arquer l'extrémité du sarment, de manière que l'œil du bas se trouve sur la convexité de la courbe, l'œil du haut étant au niveau du point de bifurcation et en dessous, par rapport au sarment (fig. 51). Ces deux yeux, au printemps, donneront chacun un rameau, l'un qui se développera à gauche et l'autre à droite. Il suffira de les maintenir progressivement à l'horizon par le palissage sur le fil de fer à ce destiné. Les yeux situés plus bas se développent aussi ; on doit les supprimer à l'état de rameaux herbacés, par l'opération appelée ébourgeonnement.

Les autres pieds de vigne, ceux qui ne doivent être bifurqués qu'à 0 m. 50, 1 m. et 1 m. 50 au-dessus du premier, ne seront traités de cette manière que successivement un an, deux ans et trois ans plus tard.

En attendant, ils sont « rapprochés », chaque année, à environ 50 centimètres au-dessus de la précédente taille et donnent du fruit par leur jeune bois.

Obtention des branches fruitières. — A partir du moment où les deux bras du T d'une thomery sont formés, il y a lieu de faire naître sur chaque bras, de 15 en 15 centimètres environ, des rameaux auxquels on donne le nom général de branches fruitières. Il ne sera établi chaque année que deux branches fruitières par pied ; celles-ci seront symétriquement réparties à droite et à gauche du T ; elles auront leur empattement sur le dessus du bras. Pour les établir, choisissez les yeux dans les conditions voulues et taillez chaque bras un peu au delà, sur l'œil qui suit et se trouve en dessous. Si l'œil qui doit procurer la branche fruitière occupe une position défectueuse, s'il est en dessous, par exemple, on le ramène dans une situation meilleure par une torsion du sarment.

Terminaison des bras. — Quand les bras du T sont arrivés à l'extrémité de leur parcours, le jardinier les arrête sur une branche fruitière obtenue et traitée par la suite comme les autres branches de même nature.

Palmettes verticales. — La palmette verticale de vigne est une tige portant, à droite et à gauche, des branches fruitières disposées symétriquement et espacées à 15 ou 18 centimètres. Pour obtenir toute une série, toute une treille de palmettes verticales (fig. 52), les pieds de vigne se plantent à 80 centimètres ou 1 mètre les uns des autres, chaque pied est rabattu, l'année de sa plantation, à deux yeux au-dessus du sol. Lors de leur développement, les rameaux que fournissent ces yeux sont traités ainsi : l'un est pincé court (25 ou 30 centimètres), l'autre est palissé verticalement; il constitue la tige naissante.

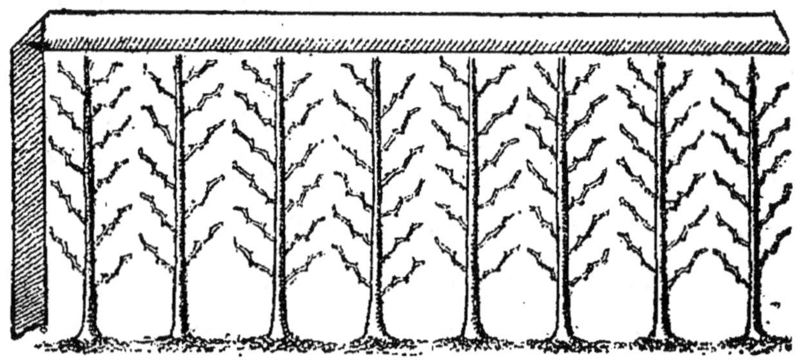

Fig. 52. — Palmettes verticales.

La seconde année, le court sarment étant enlevé, la tige qui reste sera taillée au-dessus de *trois yeux de choix;* dont le plus inférieur ne devra pas être à moins de 30 centimètres du sol. Des trois yeux, les deux inférieurs sont destinés à donner deux branches fruitières bilatérales, le troisième ou œil de taille produira le prolongement de la tige.

L'année qui suit, ce prolongement est traité

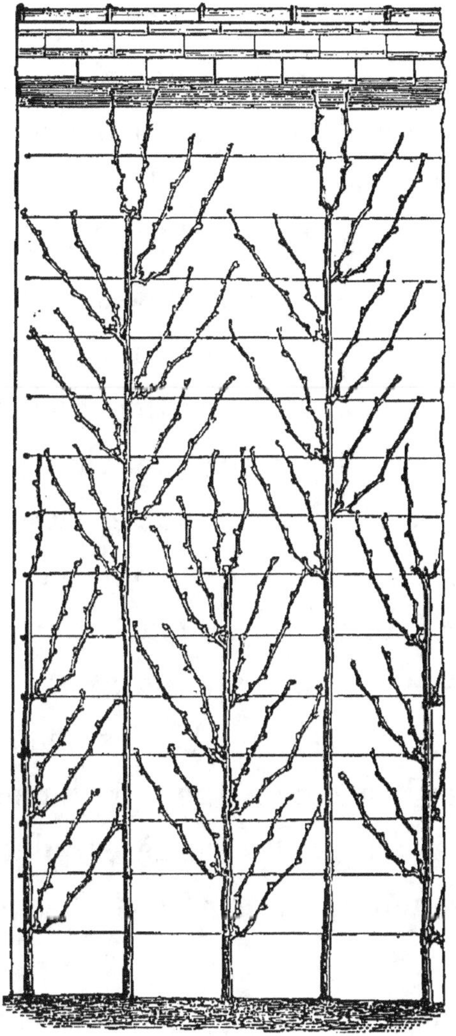

Fig. 53. — Treille de palmettes verticales alternes (fragment).

comme la tige elle-même, il est rapproché sur

trois yeux de choix, qui produiront une seconde paire de branches fruitières bilatérales à 15 centimètres au-dessus de la première et un autre prolongement que l'on traitera de même un án après, ainsi de suite, jusqu'à ce que la palmette verticale ait développé sa hauteur totale. Disons que cette hauteur ne doit pas dépasser 3 mètres (fig. 52).

Quand les murs sont plus élevés, il est préférable d'adopter la treille Thomery, à moins qu'on préfère celle dite à *palmettes verticales alternes* (fig. 53), qui se compose de pieds de vigne plantés à 50 centimètres les uns des autres. Tous les pieds numéros impairs de cette plantation sont dirigés en palmettes verticales simples, rigoureusement arrêtées lorsqu'elles ont atteint la *moitié inférieure du mur*. Les autres pieds, les numéros pairs, élevés d'abord sur une tige absolument nue, ne porteront des branches fruitières bilatérales que sur l'autre moitié, la *moitié supérieure du mur* (fig. 53).

Cette forme, que nous sachions, n'a jamais donné d'excellents résultats, parce qu'il y a entre les pieds une espèce de concurrence qui résulte d'une plantation trop rapprochée. Nous lui préfé-

rons donc la Thomery, à moins que l'on ne dispose
d'une grande quantité d'engrais pour obvier au

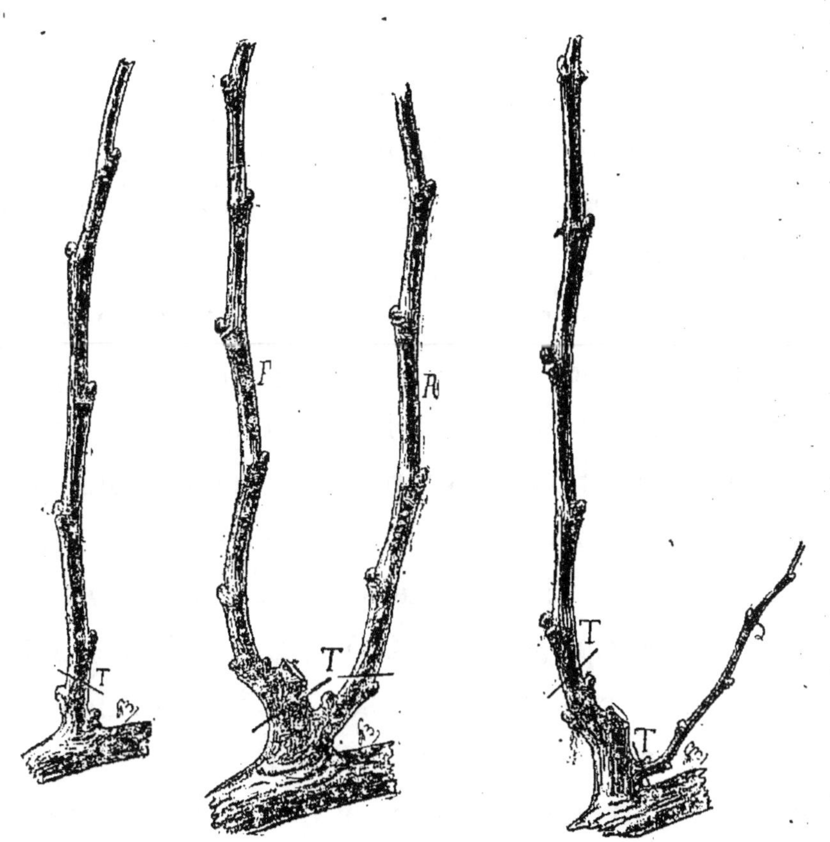

Fig. 54. — Branche fruitière nouvelle. — *Fig. 55.* — Branche fruitière
ancienne. — *Fig. 56.* — Taille d'une branche fruitière dont le rameau
remplaçant est trop faible. — Les lignes obliques T sont les lignes
selon lesquelles on doit tailler.

manque d'espace dont les racines sont en quelque
sorte frappées.

Traitement des branches fruitières. — Soit sur le T des Thomery, soit sur les palmettes verticales, la branche fruitière de vigne est toujours arrêtée (pincée) dans son élongation, à environ 45 centimètres de son point d'insertion. C'est-à-dire qu'après une année, cette branche, constituée par un sarment simple, ne mesure pas plus de 45 ou 50 centimètres.

En février ou mars, la branche fruitière nouvelle est taillée au-dessus des deux premiers yeux de son extrême base (fig. 54). Ces deux yeux, pendant la végétation active, produisent deux rameaux dont le plus élevé est dit *sarment fructifère* (F), alors que l'autre s'appelle *sarment remplaçant* (R) ou *de remplacement* (fig. 55). Chacun de ces sarments ne devra pas dépasser les 50 centimètres assignés à la longueur des branches fruitières. L'année suivante, ces vieilles branches fruitières, celles qui portent deux sarments, sont d'abord « rabattues » au-dessus du sarment remplaçant R; celui-ci, demeurant seul, est taillé à deux yeux, y compris l'œil du talon quand ce dernier est bien apparent (T, fig. 55).

Ces procédés sont la pratique ordinaire, mais il

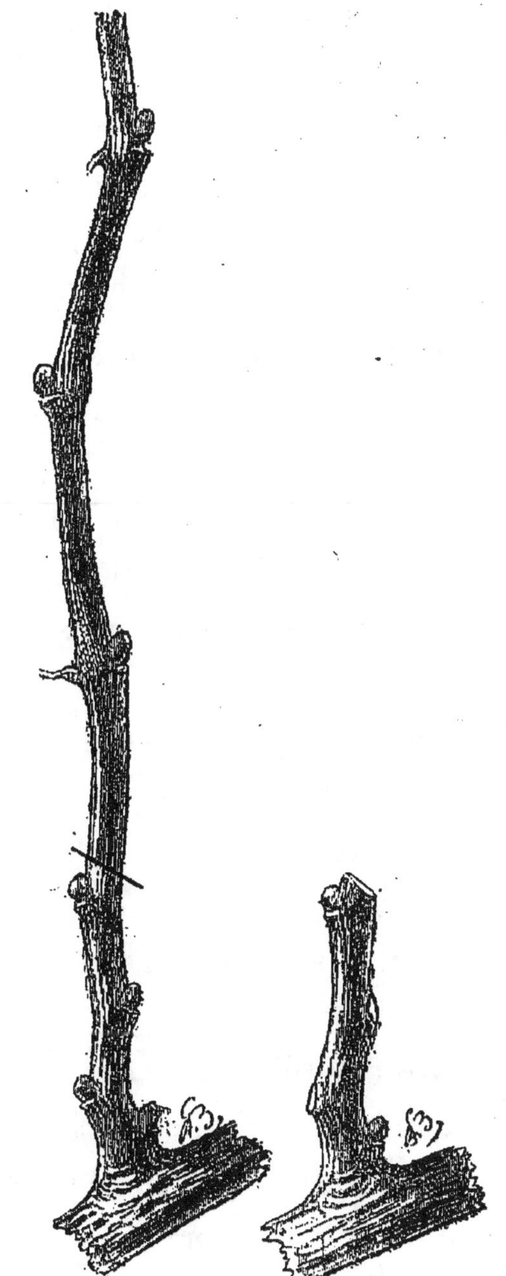

Fig. 57. — Traitement de la branche fruitière des variétés peu fertiles : taille à éborgnage.

est des cas exceptionnels dans lesquels on doit s'en écarter.

Ainsi, par exemple, quand sur une vieille branche le rameau de remplacement est trop faible, c'est lui qui disparaît, c'est le sarment le plus élevé qui est taillé à deux yeux (TT, fig. 56).

Sur les terrains pauvres, les branches fruitières des variétés fertiles se taillent continuellement à un œil.

Au contraire, sur les variétés Frankenthal, Muscat, dont les branches fruitières ne portent des germes fertiles que dans les yeux troisième ou quatrième au-dessus de la base, ces branches sont taillées au-dessus de trois ou quatre yeux, mais on n'en garde quand même que deux : l'œil de taille pour la fructification, et l'œil le plus inférieur pour la formation du rameau remplaçant. Les yeux intermédiaires sont éborgnés (fig. 57).

Taille estivale appliquée à la vigne. — Au printemps, quand la végétation active commence à se manifester, les yeux au-dessus desquels on a taillé en hiver les branches fruitières et charpentières se développent en rameaux, comme nous l'avons prévu. Mais, outre ces yeux, il en est d'autres qui produisent des pousses inutiles. Ce sont ces pousses qui sont radicalement enlevées par l'ÉBOURGEONNEMENT (du nom de bourgeons donné par les arboriculteurs aux rameaux naissants).

Sur une branche fruitière taillée à deux yeux, par exemple, nous ne devons conserver que les deux pousses issues de ces deux yeux; s'il en naît une troisième provenant d'un œil latent, elle sera supprimée.

A partir du moment où les bras bilatéraux d'une Thomery sont en formation, il ne doit plus être toléré aucune pousse sur la tige, tout ce qui y naît est ébourgeonné au bénéfice des bras et des parties conservées sur eux.

Nous avons vu que les branches fruitières ne doivent pas dépasser une certaine longueur (50 centimètres au maximum), pour cela et aussi pour une autre raison; elles sont arrêtées dans leur élongation par le PINCEMENT. (Suppression, à l'aide des ongles, de la partie terminale herbacée.)

Quand la branche fruitière est à un seul rameau,

le pincement est facile; il se fait à deux feuilles
au-dessus de la seconde grappe (P, fig. 58).

Fig. 58. — Pincement d'une branche fruitière : P, ligne de pincement.

Mais les branches fruitières âgées de plus d'un
an sont à deux rameaux; l'un, le plus élevé, spé-

cialement destiné à la fructification, l'autre, l'inférieur, devant procurer la branche remplaçante.
Chacun de ces rameux sera pincé. C'est le rameau fructifère qui l'est le premier, à deux feuilles
au-dessus de la seconde grappe. Un peu plus tard,
pour ne pas entraver son développement, le rameau
remplaçant est pincé à son tour à environ 45 centimètres de son empattement.

Dans le cas assez rare où le rameau fructifère,
manquant à son rôle, ne porterait pas de fruit, on
le supprimerait par une TAILLE EN VERT, pratiquée
au-dessus du rameau remplaçant, qui en profiterait.

Les yeux de pincement se développent généralement en prompts bourgeons, qui sont toujours
pincés quand ils ont atteint la limite assignée à la
longueur totale des branches fruitières (50 centimètres.) Enfin, à l'aisselle des feuilles, il apparaît souvent d'autres prompts bourgeons; ceux-ci sont invariablement pincés à une feuille.

L'INCISION ANNULAIRE[1] se pratique avant ou après
la floraison, toujours au-dessous et à une faible
distance des grappes; l'anneau a 3 millimètres

1. Voy. première partie.

de hauteur. Cette opération avance la maturité du raisin et augmente ses qualités sucrées. On lui attribue aussi le pouvoir d'empêcher l'avortement des fleurs.

Le palissage s'applique aux branches fruitières et aux prolongements des branches charpentières en voie d'élongation; il se fait successivement, c'est-à-dire que les rameaux vigoureux sont palissés les premiers pour que les autres, laissés libres encore quelque temps, puissent végéter plus à l'aise et atteindre le développement des premiers. Les prolongements des cordons de Thomery seront palissés tôt et dans une position légèrement oblique. Les vrilles inutiles s'enlèvent pendant le palissage.

L'éclaircie des fruits est l'opération qui suit le palissage. Il se pratique de deux façons, d'abord par la *suppression de certaines grappes*, ensuite par la *suppression de certains grains* sur les grappes réservées.

Règle générale, on ne laissera que deux grappes par branche fruitière. Ces grappes, selon les cas, peuvent être disposées de la façon suivante :

1° Toutes deux sur le rameau fructifère proprement dit, quand le rameau remplaçant est peu vigoureux ou qu'on désire le ménager ; c'est le cas le plus fréquent ;

2° Une grappe sur chaque rameau, quand le rameau remplaçant possède une belle apparence, qu'il est fort et bien constitué ;

3° Deux grappes sur l'unique rameau qui constitue chaque branche fruitière nouvelle.

Au-dessus de ces deux grappes, les plus belles, on supprimera donc les autres.

L'éclaircie de grains ou cisellement (puisqu'il se pratique aux ciseaux) a pour but de supprimer sur chaque grappe réservée environ la moitié ou le quart des grains, ne gardant que les plus beaux et ceux qui sont situés à l'extérieur de la grappe ; on opère quand les fruits ont le volume d'un petit pois. Les ciseaux sont émoussés ; ils se meuvent comme un sécateur, grâce à un ressort.

L'opérateur tient la grappe d'une main par l'extrémité inférieure ; il opère de l'autre. Quand l'opération est finie, il retranche d'un dernier coup de ciseaux cette extrémité de la grappe (environ 4 ou 5 grains). Le ciselage ne se doit pas faire au soleil.

Vers fin juillet, le premier EFFEUILLAGE sera fait ;
il ne doit porter que sur les quelques rares feuilles
qui, à demi cachées par les autres et collées contre
le mur, empêchent celui-ci de s'échauffer tout en
travaillant fort mal à la croissance de l'arbre.

Le second effeuillage se pratique quand le raisin « tourne », c'est-à-dire quand il devient trans-
parent ; il est encore modéré.

Quand les raisins seront mûrs, un troisième
effeuillage démasquera complètement les fruits
pour que le soleil développe sur eux cette couleur
dorée si appréciée des amateurs. Il est à remarquer,
pourtant, que cette couleur-là est un obstacle à la
bonne conservation. Aussi les raisins destinés à
l'approvisionnement d'hiver ne seront pas autant
défeuillés, ils mûriront à l'abri et présenteront une
couleur uniformément ambrée et transparente.

RÉCOLTE. — Elle se fait, autant que possible,
quand le raisin n'est ni échauffé, ni humide, c'est-
à-dire le matin, aussitôt après l'évaporation de la
rosée.

On reconnaît que le raisin est mûr à l'aspect ou
bien par la simple dégustation.

Les grappes destinées à la conservation se cueillent les dernières, elles sont choisies de préférence sur les parties élevées de treilles déjà âgées ; on les détache avec ou sans portion de sarment, selon qu'on doit les conserver à *rafle verte* ou à *rafle sèche*. (Voir la *Conservation des fruits*.)

MALADIES DE LA VIGNE

Les plus graves maladies de la vigne sont dues au parasitisme de champignons microscopiques. Deux d'entre eux sont particulièrement dangereux.

Oïdium. — *L'oïdium* vit à la surface des feuilles et des grains, dont il empêche le grossissement.

Par l'application préventive de la fleur de soufre on évite cette maladie.

Trois « soufrages » seront donnés par an : 1° lors de l'épanouissement des bourgeons ; 2° après la floraison et 3° pendant la maturation.

Mildiou. — Le *mildiou*, autre champignon, vit sous l'épiderme des parties herbacées ; il est donc plus difficile de le combattre. Les feuilles des vignes contaminées se tachent de roux, se boursouflent, jaunissent et tombent rapidement.

En mars, badigeonnez les vignes malades avec la bouillie bordelaise composée de : 10 litres d'eau, 800 grammes de chaux et 400 grammes de sulfate de cuivre ; l'eau céleste (eau contenant 5 grammes

Fig. 59. — Pulvérisateur Risley.

de sulfate de cuivre par litre et quelques milligrammes d'ammoniaque) est aussi utilisée, surtout en pulvérisation (fig. 59), sur les feuilles, l'été.

ANIMAUX NUISIBLES

Parmi les animaux nuisibles, il faut citer :

Moineaux. — On devra préserver les grappes

mûres contre les *moineaux* par des toiles légères
tendues devant les espaliers.

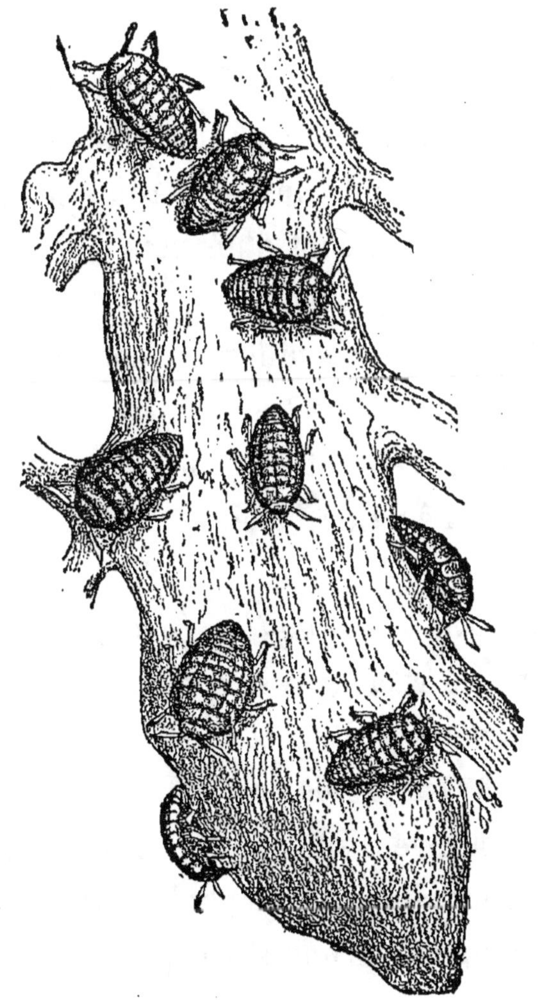

Fig. 60. — Radicelle couverte de Phylloxeras, vus à la loupe.

Guêpes. — On écarte les *guêpes* par le même
procédé et les attrape à l'aide de bocaux demi-

BELLAIR. *Les Arbres fruitiers.*   8.

pleins d'eau miellée, et pendus de distance en distance le long des treilles.

Pyrale de la vigne. — La *pyrale de la vigne* est un petit papillon ; sa chenille verte hiverne sous les écorces. Au printemps, elle roule les feuilles, enveloppe les bourgeons d'un tissu soyeux qui les empêche de se développer.

On détruira ces chenilles en ébouillantant les ceps et les treillages.

Une autre pyrale attaque les grappes ; on la détruit par le même procédé.

Phylloxera. — Le *phylloxera* (fig. 60), sorte de puceron des racines, est combattu par la submersion, le sulfure de carbone (10 grammes par pied enfouis à 0 m. 40 de profondeur) et le greffage des variétés cultivées sur cépages américains assez vigoureux pour supporter le phylloxera sans cesser de fournir au greffon une sève suffisante.

Art. II. — **Les Groseilliers**

Partie comestible : LE FRUIT ENTIER.

1. *Groseillier rouge.*
2. *Groseillier cassis.*
3. *Groseillier épineux.*

Fig. 61. — Grappe de fruits du groseillier rouge.

Description. Historique. — Ces trois espèces de la grande famille des Saxifragées sont des arbustes touffus de 1 à 2 mètres de haut, à feuilles alternes, lobées.

Dans les deux premières espèces (G. rouge et G. cassis), les fruits sont en grappes (fig. 61), rouges dans la première, noires dans la seconde.

Fig. 62. — Rameau et fruits du groseillier épineux.

Le groseillier épineux, outre que son bois est muni d'épines, porte des fruits plus volumineux et solitaires ou fasciculés par 2, 3, 4 (fig. 62). Toutes ces espèces sont européennes.

Variétés. — Dans l'espèce Groseillier rouge,

on cultive surtout les variétés suivantes : *Hollande rouge, Hollande blanche,* plus sucrée que la précédente ; *Versaillaise,* grappes rouges très fortes, à grains volumineux.

Dans la troisième espèce, Groseillier épineux : *London,* fruit rouge ; *Snowdrop,* fruit blanc ; *London city,* fruit ovoïde, vert. Ces fruits du *Groseillier épineux* sont souvent appelés *groseilles à maquereau,* à cause de leur emploi, en Angleterre, pour accommoder ce poisson.

CULTURE

Conditions de milieu. — Les groseilliers sont des plantes rustiques s'accommodant des climats de toute la France, et se comportant surtout très bien sous celui du centre.

Les terrains frais, de consistance moyenne, sont les plus propres à ces arbustes, que l'on plante d'ailleurs un peu partout et toujours en plein air, rarement en espalier.

Multiplication. — Le bouturage et le marçottage sont surtout usités pour la propagation des groseilliers. (Voyez le chapitre spécial de la multiplication.)

Plantation. — Selon la forme que l'on désire faire prendre et selon l'espèce, on plante à des distances variables. Le plus simple est d'adopter la forme naturelle en cépée ou la forme en vase. Dans ce cas, on plante : le groseillier épineux à 1 mètre, le groseillier rouge à 1 m. 30, et le groseillier noir à 1 m. 50 en tous sens.

Taille hivernale et estivale. — Obtention des formes. — Comme toutes les essences à bois tendre, le groseillier se taille en février.

Après la plantation, et vers cette époque, les jeunes sujets, à supposer que nous voulons former un vase, seront rabattus à 15 centimètres environ au-dessus du sol. Cette taille a pour effet de provoquer la ramification du pied. Dans cette ramification, choisissez trois rameaux forts et supprimez les autres à leur profit. L'année suivante, taillez court chacun de ces trois rameaux, de façon à leur faire produire ensemble un nombre de ramifications

double. La troisième année, vous traiterez de même
ces ramifications, qui produiront alors douze

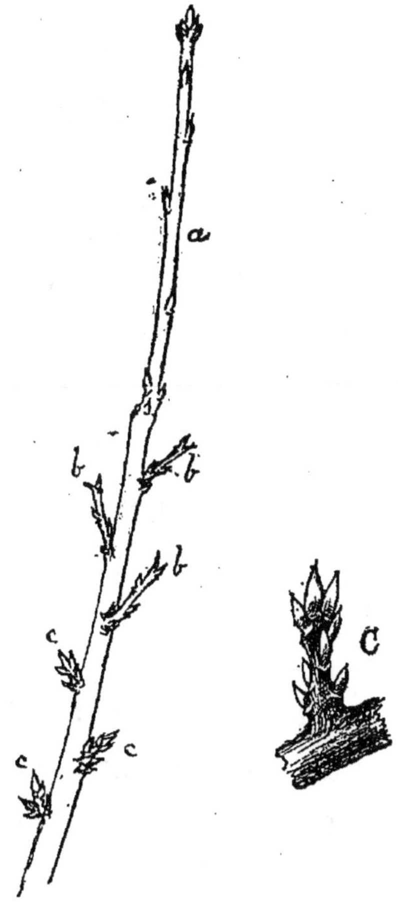

Fig. 63. — Branche charpentière de groseiller. *a*, prolongement ; *bb*,
branches fruitières ayant subi un pincement ; *cc*, bouquets de mai.
C. Bouquet de mai grandeur naturelle.

branches terminales. Ces branches charpentières
définitives, écartées à égale distance du centre et

redressées verticalement, constituent le vase cher-
ché, ayant l'aspect du vase du pommier. Il suffit,
chaque année, en février, de raccourcir les prolongements successifs de chacune de ces branches
pour les faire se garnir de branches fruitières et
élever peu à peu la forme.

Pendant l'été, du 15 mai au 15 juin, les jeunes
ramifications des branches charpentières sont
pincées au-dessus de trois larges feuilles ; si l'œil
de pincement se transforme en prompt bourgeon,
on pince celui-ci à une feuille. Ces deux pincements provoquent quelquefois, à la base des rameaux traités, la formation de bouquets de mai,
qui sont des organes fertiles.

Les ramifications éloignées du sommet végétatif
des charpentières restent généralement courtes ;
elles n'ont aucun traitement à subir et se transforment naturellement en *bouquets de mai* (*cc,*
fig. 63).

A l'époque de la taille hivernale, il suffit, quant
à ce qui concerne les branches fruitières, de couper
les rameaux précédemment pincés au-dessus des
bouquets de mai, qu'ils portent à leur base ou au-
dessus de 3 yeux.

Recépage. — Au bout de six ou sept ans, les groseilliers sont très affaiblis. On peut les recéper et former une nouvelle charpente aves les rejetons qui naissent alors de la souche. Le sol, dans ce cas, reçoit une forte fumure.

INSECTES NUISIBLES

Deux insectes attaquent particulièrement les groseilliers :

La *Tenthrède noire*, sorte d'hyménoptère, dont les larves dévorent les feuilles.

On tue ces larves au moyen d'ablutions à l'eau de savon noir au 50/1000 (50 grammes pour un litre).

La *Phalène du groseillier*. — Papillon de la chenille arpenteuse du groseillier. Cette chenille hiverne, cachée dans les feuilles mortes.

Il faut brûler ces feuilles.

CHAPITRE II

FRUITS DRUPACÉS A PÉPINS

Article premier. — **Le Poirier**

Partie comestible. — PORTION EXTERNE DU PÉRICARPE

Description. Historique. — Le poirier est un

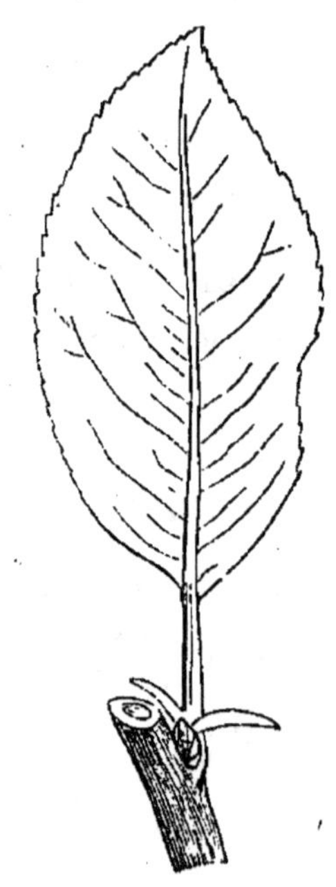

Fig. 64. — Poirier. Feuille.

arbre de la famille des rosacées à racines pivotantes, à tige élevée (10 mètres en moyenne), à ramure pyramidale. A l'état sauvage, il porte des épines ; ses feuilles pétiolées sont lancéolées, acuminées (fig. 64); ses fleurs, blanches ou rosées, réunies en corymbe de 8 à 11, ont une odeur désagréable (fig. 65). Avant que la végétation

Fig. 65. — Corymbe de fleurs du poirier cultivé.

active ne se manifeste, en hiver, on reconnaît facilement les boutons à fleurs à leur volume (fig. 66). Ces boutons, outre les fleurs, contiennent aussi des yeux susceptibles de donner des rameaux. Le calice de la fleur persiste sur le fruit, où il forme ce qu'on appelle l'*œil de la poire*. Ce fruit est à cinq loges, contenant chacune deux graines (pépins), dont quelques-unes peuvent manquer par avortement.

Le poirier est indigène ; sa culture remonte fort loin, à en juger par l'âge inconnu de certaines variétés, comme la Crassane.

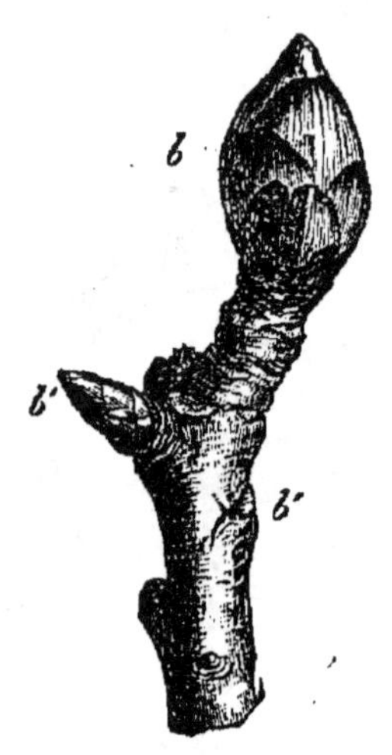

Fig. 66. — Poirier, Bouton à fleur.

Espèces, Variétés. — Il existe plusieurs espèces de poirier, mais une seule est cultivée pour ses fruits : c'est le poirier commun (*pyrus communis*). Celui-ci a produit un nombre considérable de variétés. Les unes se mangent crues, les autres cuites ; d'autres encore, les poires à cidre, sont exclusivement employées à préparer le poiré ou cidre de poire.

Les poires de dessert se subdivisent en *poires*

d'été, poires d'automne, poires d'hiver et *poires à cuire.* Voici, dans chacune de ces classes, les variétés les plus généralement estimées.

Poires d'été : *Épargne*. — Fruit bon, assez gros. Maturité : juillet-août. Culture : haute tige, contre-espalier, espalier.

Beurré Giffard. — Fruit très bon, moyen. Maturité : juillet-août. Culture : plein vent, contre-espalier, espalier.

Monsallard. — Fruit bon, assez gros. Maturité : août. Culture : pyramide, contre-espalier et espalier.

Bon Chrétien Williams. — Fruit bon, musqué, gros. Maturité : août-septembre. Culture : pyramide, espalier, contre-espalier.

Poires d'automne : *Beurré d'Amanlis*. — Fruit assez gros, bon. Maturité : septembre. Culture : haute tige, contre-espalier, espalier.

Fondante des bois. — Fruit gros, très bon. Maturité : septembre-octobre. Culture : haute tige et toutes autres formes.

Beurré Hardy. — Fruit moyen, très bon. Maturité : septembre-octobre. Culture, haute tige, pyramide et autres grandes formes.

Louise Bonne d'Avranches.— Fruit moyen, très bon. Maturité : septembre, novembre. Culture : haute tige et toutes autres formes.

Doyenné du Comice. — Fruit gros, très bon. Maturité : octobre-novembre. Culture : pyramide, contre-espalier et espalier.

Beurré Clairgeau. — Fruit gros ou très gros, bon. Maturité : novembre-décembre. Culture : cordons horizontaux (sur cognassier), pyramide, contre-espalier, espalier.

Duchesse d'Angoulême. — Fruit très gros, bon. Maturité : d'octobre à décembre. Culture : pyramide, contre-espalier et espalier.

Bergamote Crassane ou *Crassane.* — Fruit moyen, très bon. Maturité : d'octobre à novembre, et parfois décembre. Culture : espalier, palmette horizontale.

Beurré Diel. — Fruit gros ou très gros, bon. Maturité : novembre-décembre. Culture : plein vent, pyramide et autres grandes formes.

Beurré Bachelier. — Fruit gros ou très gros, bon. Maturité : novembre-décembre. Culture :

pyramide et toutes autres grandes formes, s'il est greffé sur franc.

POIRES D'HIVER : *Passe Colmar.* — Fruit moyen, très bon. Maturité : de décembre à janvier. Culture : pyramide, espalier ou contre-espalier.

Beurré d'Arenberg ou *d'Hardempont.* — Fruit gros, très bon. Maturité : de novembre à janvier. Culture : espalier, au midi excepté.

Saint-Germain. — Fruit assez gros, bon. Maturité : décembre, février. Culture : espalier, au nord excepté.

Olivier de Serres. — Fruit moyen, très bon. Maturité : janvier à mars. Culture : haute tige, pyramide et autres formes.

Passe Crassane. — Fruit assez gros, très bon. Maturité : janvier à mars. Culture : pyramide, contre-espalier, espalier.

Doyenné d'hiver. — Fruit gros, très bon. Maturité : de décembre à avril. Culture : espalier à l'est et au sud, avec chaperon pour préserver des pluies.

Doyenné d'Alençon. — Fruit moyen, très bon.

Maturité : de janvier à mars. Culture : haute tige, pyramide et autres formes.

Bergamote Esperen. — Fruit moyen, très bon. Maturité : de mars à mai. Culture : plein vent (dans un bon terrain et à une bonne exposition), contre-espalier et espalier.

Bon Chrétien d'hiver. — Fruit gros, assez bon. Maturité : février, mai. Culture : espalier au midi.

POIRES A CUIRE : *Messire Jean*. — Fruit moyen, bon. Maturité : novembre. Culture : haute tige, pyramide.

Curé. — Fruit gros, bon cru, très bon cuit. Maturité : de novembre à janvier. Culture : haute tige, pyramide.

Martin sec. — Fruit petit, très bon. Maturité : de décembre à janvier. Culture : haute tige.

Catillac. — Fruit très gros. Maturité : de janvier à mai. Culture : haute tige.

La poire *Belle Angevine* est, avant tout, une poire d'apparat, à cause de son volume énorme ; sa qualité laisse généralement à désirer.

CULTURE

Conditions de milieu. — Le poirier est essentiellement un arbre du centre et du nord de la France. Dans la partie méridionale de notre pays, il se comporte encore assez bien du côté de l'ouest.

La culture en espalier, sous le climat de Paris, est nécessaire quand il s'agit de certaines variétés délicates, comme *Doyenné d'hiver, Crassane, Saint-Germain,* etc.

Toujours en espalier, mais à l'exposition du nord, il ne peut être planté que des variétés vigoureuses et assez précoces pour y mûrir quand même leurs fruits : *Louise Bonne, Duchesse, Beurré d'Amanlis,* etc.

Les terres arides, les terres malsaines, les terres trop calcaires sont défavorables à cet arbre, qui croît très bien surtout dans les terres d'alluvion, les terres franches, les terres tourbeuses assainies et non acides.

Multiplication. — Le poirier se multiplie par semis et greffage.

Le semis n'est usité que lorsqu'il s'agit d'obtenir de nouvelles variétés et des sujets de greffage.

Le greffage permet de multiplier les variétés préexistantes. On greffe le poirier *en fente, en couronne,* et surtout *en écusson à œil dormant.* Ces différents systèmes de greffage ont été étudiés. Il nous reste à parler des « sujets » sur lesquels le poirier se greffe ; il y en a trois : 1° le *franc* ou poirier sauvage issu de semis ; 2° le *cognassier ;* 3° l'*aubépine.*

Le franc est choisi quand les arbres sont destinés à la culture sur « haute tige » au verger, ou bien à la culture au jardin fruitier, mais dans un terrain relativement sec, qui ne saurait convenir au poirier sur cognassier.

Le cognassier est toujours préféré, si le terrain est frais, profond, argileux ou humifère. Le poirier greffé sur cognassier présente les avantages suivants : 1° il fructifie plus tôt que le poirier greffé sur franc ; 2° ses fruits sont plus savoureux, plus volumineux, plus sucrés ; 3° sur cognassier, les poiriers étant moins vigoureux que sur le franc, cela permet de rapprocher davantage les arbres entre eux et d'avoir un plus grand nombre de variétés sur une même surface.

Exceptionnellement, le poirier est greffé sur aubépine, quand il y a lieu de planter un sol crayeux.

Certaines variétés, qui ne viendraient pas immédiatement greffées sur cognassier, sont quand même cultivées sur ce sujet grâce au *surgreffage,* qui consiste à placer entre elles et le cognassier, comme intermédiaire, une autre *variété,* vigoureuse et sympathique. Les poiriers *Curé, Beurré Hardy, Beurré d'Amanlis,* peuvent servir d'intermédiaires.

Les variétés Doyenné d'hiver, Doyenné du Comice, Beurré Clairgeau, etc., donnent, par le surgreffage, de meilleurs résultats que par le greffage direct.

Plantation. — La plantation et ses travaux préliminaires se font selon les principes décrits dans la première partie de cet ouvrage (page 80).

Les poiriers sont choisis, greffés sur franc ou sur cognassier, selon la nature du sol du jardin.

Les distances qui doivent séparer les arbres dépendent de l'ampleur des formes qui leur sont destinées et des sujets sur lesquels ils sont greffés.

Voici ces distances pour les cas les plus généraux :

Au verger :

Hautes tiges sur franc . . . . . . 6 mètres.

— *sur cognassier* . . . 5 —

Au jardin fruitier :

Pyramides sur franc . . . . . . 4 mètres.

— *sur cognassier* . . . 3 —

Fuseau (TOUJOURS *sur cognassier*). 1 m. 50

Cordons horizontaux s. cognass. 3 ou 4 m.

Palmettes horizontales sur franc. 8 mètres.

— *sur cognas.* 4 ou 5 m.

Palmettes verticales à 2 branches[1]. 0 m. 60

— *à 3 branches.* 0 m. 90

— *à 4 branches.* 1 m. 20

etc., en augmentant de 30 centimètres par branche ajoutée.

Obtention des formes. — On distingue les *formes libres* et les *formes palissées*.

---

1. Ces palmettes à un petit nombre de branches (deux, trois, quatre) ne se doivent former qu'avec poirier greffé sur cognassier.

Formes libres. — Nous citerons *la Pyramide, le Fuseau, le Vase.*

La Pyramide. — C'est une forme à symétrie rayonnante ; elle se compose d'un axe, la tige, tout autour duquel, depuis la base jusqu'au sommet, rayonnent des branches de charpente ; ces branches sont obliques par rapport à l'axe ; en outre, elles sont d'autant plus courtes qu'elles occupent une position plus élevée sur la tige. Il résulte de cette disposition que l'ensemble de cette forme représente assez bien une pyramide (fig. 67).

On admet que le diamètre maximum de la pyramide doit égaler le tiers de la hauteur, mais cette règle n'est pas absolue et ce diamètre peut être légèrement supérieur à cette mesure. Voici comment s'obtient cette forme :

Soit un scion d'un an, planté à l'automne : on peut le tailler immédiatement ; dans ce cas, la tige ou pousse du scion est coupée à environ 50 ou 60 centimètres du sol, au-dessus d'un œil faisant face à l'onglet du sujet. Pendant la végétation active, l'œil de taille et un certain nombre d'autres situés plus bas s'allongent en rameaux. Il faut que l'on ait au moins six de ces rameaux ; celui du sommet pousse droit et prolonge la tige ; les cinq autres constituent la première série de branches de la pyramide.

Si les rameaux se développaient en nombre insuffisant, on forcerait la formation de ceux qui manquent par l'application de l'*entaille* (page 94).

La seconde année, lors de la taille hivernale, le prolongement de la tige est traité comme fut traitée la tige l'année précédente ; il est coupé à environ 50 centimètres de long, au-dessus d'un œil situé du côté de l'onglet de la première taille. Quant aux cinq premières branches charpentières, elles sont raccourcies d'environ un tiers, la moitié ou les trois quarts de leur longueur, selon qu'elles occupent la base ou la partie élevée de la tige. La taille de ces branches, ainsi que celle de leurs prolongements, est constamment faite au-dessus d'un œil extérieur. Cette précaution permet de les obtenir plus droites et favorise leur écartement naturel de la tige. Il est essentiel que cet écartement s'accentue en même temps que le développement de l'arbre, pour que l'air et la lumière puissent facilement pénétrer jusqu'aux parties avoisinant l'axe.

Fig. 67. — Poirier en forme de pyramide.

A la suite de cette seconde taille, le prolongement de la tige produit un autre prolongement, plus une seconde série de cinq branches ; chaque branche de la première série s'allonge et, sur sa partie ancienne, se garnit de courts rameaux, qui sont de futures branches fruitières.

Le jardinier, pour poursuivre l'achèvement de cette forme, devra donc chaque année, par le procédé indiqué, ajouter une série nouvelle de cinq branches charpentières aux séries anciennement obtenues. Pour conserver toute la rectitude et l'équilibre de la forme, il est essentiel que la taille des branches charpentières soit toujours assise sur un œil extérieur, tandis que la taille de la tige alternera tous les ans, se faisant tantôt sur un œil situé d'un côté de l'axe, tantôt sur un œil placé du côté opposé. Si la taille s'établissait toujours du même côté de la tige, il en résulterait nécessairement une déviation dans ce sens.

Entre la première branche d'une série et la dernière de la série qui précède, il doit y avoir au moins 30 centimètres.

Si vous jugez que telle série nouvellement obtenue est faible, vous n'en établissez pas immédiatement une autre et attendez un an, pour que celle-là ait le temps d'acquérir plus de force.

Au-dessus de six mètres, une pyramide devient difficile à tailler. On ne devra pas laisser les arbres dépasser cette hauteur.

Le Fuseau. — Le fuseau (fig. 68) est encore une forme à symétrie rayonnante dont la tige se trouve garnie, depuis le bas jusqu'en haut, de branches courtes, presque aussi courtes en bas qu'en haut, de sorte que l'arbre tout entier rappelle un fuseau ou une colonne.

Les branches latérales du fuseau sont obtenues par séries, comme celles de la pyramide. Chaque série sera surmontée d'un prolongement de la tige qui, l'année suivante, permettra d'établir une série nou-velle.

Le fuseau est rangé dans les petites formes ; il convient au poi-rier sur cognassier, au pommier sur paradis.

Fig. 68. — Poirier en fuseau.

La pyramide, selon l'extension que prend l'arbre, devient une forme moyenne ou grande. Les poiriers sur franc s'en accommodent bien ; les cerisiers, les pommiers sur doucin y sont souvent soumis avec succès.

Le Vase. — On donne ce nom aux arbres formés d'une tige très courte se divisant, à son extrémité, en trois ou quatre branches divergeantes qui se ramifient en branches de second, de troisième ordre. Ces dernières, au nombre de six, huit, douze, etc., sont redressées toutes à égale distance de l'axe, pour former comme la paroi d'un gobelet ou vase (fig. 46, page 105).

Le jeune arbre (scion d'un an), destiné à produire un vase, est taillé à environ 35 centimètres au-dessus du sol, l'année même de sa plantation s'il a été planté à l'automne ; la seconde année s'il a été planté au printemps.

A la suite de cette taille, il va apparaître quelques rameaux ; conservez-en trois bien solides, vigoureux et équidistants ; écartez-les de l'axe par un palissage sur des tuteurs provisoires. L'année suivante, taillez chacun de ces rameaux immédia-

tement au-dessus de deux yeux latéraux et à environ 20 ou 25 centimètres du tronc. Chaque rameau
ainsi traité se bifurque en deux rameaux nouveaux,
ce qui fait six pour tout l'arbre. Ces six rameaux,
l'année qui suit, peuvent être bifurqués à leur tour
par un procédé analogue; ils produisent alors
(2 × 6) 12 rameaux; ce sont les futures branches
qui, toujours équidistantes (elles doivent avoir au
moins 30 centimètres entre elles), seront dirigées
verticalement tout autour et à une distance calculée
de la tige. A partir de ce moment, chacune d'elles
est taillée tous les ans, sur ses prolongements
successifs, de manière que ces prolongements
développent les rameaux courts, qui seront les
branches fruitières, et d'autres prolongements qui
assureront l'élongation régulière de la charpente.

Une sorte de squelette du vase, établi préalablement au moyen de tuteurs et de deux ou trois
cercles en bois superposés, facilite l'obtention de
cette forme, qui devient beaucoup plus régulière.

Formes palissées. — Parmi les formes palissées auxquelles on soumet le poirier et le pommier,
nous en signalerons trois ou quatre des plus sim-

ples : 1° le cordon horizontal; 2° la palmette verticale à deux ou à un plus grand nombre de branches; 3° la palmette simple ou double, à branches horizontales.

Cordon horizontal unilatéral. — Le poirier soumis à cette forme présente une tige coudée à 40 centimètres au-dessus du sol, puis menée horizontalement et garnie de rameaux fruitiers à partir de ce coude (fig. 69). Les cordons sont dirigés, autant que possible, vers les parties d'où vient la lumière la plus vive. Si la plantation est établie de haut en bas, sur une pente, il est indispensable de diriger les cordons vers le sommet de la pente.

Ce sont exclusivement les poiriers greffés sur cognassier, les pommiers greffés sur paradis ou doucin que l'on peut soumettre à cette forme. Les poiriers et pommiers greffés sur franc sont trop vigoureux; ils exigent, sous peine de rester stériles, plus d'extension que ne comporte le cordon horizontal.

C'est à trois mètres (pommier sur paradis) et quatre mètres (pommier sur doucin, poirier sur cognassier), qu'il faut planter les jeunes scions

d'un an. La première année, ils sont taillés à
environ 60 centimètres au-dessus du sol et près
d'un œil dirigé du côté où l'on inclinera les tiges.
A l'automne ou au printemps suivant, cette incli-

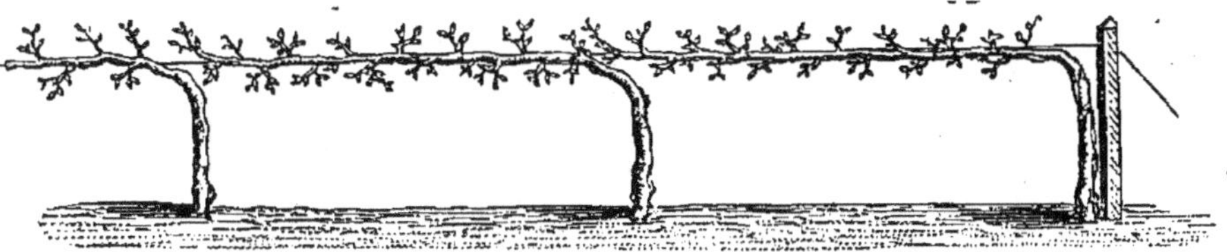

Fig. 69. — Cordons horizontaux de poiriers.

naison est faite ; les scions sont courbés progressivement. Mais si la partie qui fait suite à la courbe
de direction doit être strictement horizontale, il est
essentiel que l'extrémité du cordon soit légèrement
dressée pour faciliter l'accès de la sève et, par
suite, l'élongation du cordon. A partir de ce
moment, chaque année, les prolongements successifs du cordon sont taillés de manière à ne
conserver plus que les deux tiers ou les trois quarts
de leur longueur. Ils se couvrent bientôt de rameaux
dont les uns sont entièrement fertiles (bouton fruitier), tandis que d'autres, stériles, doivent être
maîtrisés par certaines amputations.

Ce traitement, décrit un peu plus loin, les empêche de prendre un trop grand développement qui les éloignerait encore de la voie fertile.

Palmette verticale à deux branches. — C'est une tige courte, bifurquée à 30 centimètres du

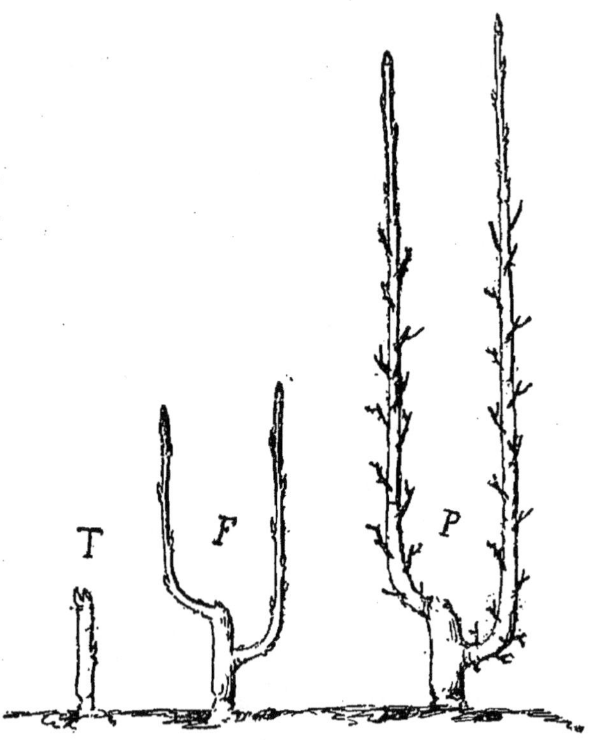

Fig. 70. — Palmette verticale à 2 branches. — T, première taille ; F, Palmette âgée d'un an ; P, la même plus vieille et portant des branches fruitières.

sol en deux branches charpentières formant l'U (fig. 71). On l'emploie pour garnir les murs élevés ; elle convient aux poiriers sur cognassier et aux pommiers sur doucin. Le pommier sur paradis peut aussi être dirigé sous cette forme, mais, en raison de sa faiblesse, il ne faudra pas songer à lui donner plus de 2 mètres ou 2 m. 50 d'élévation.

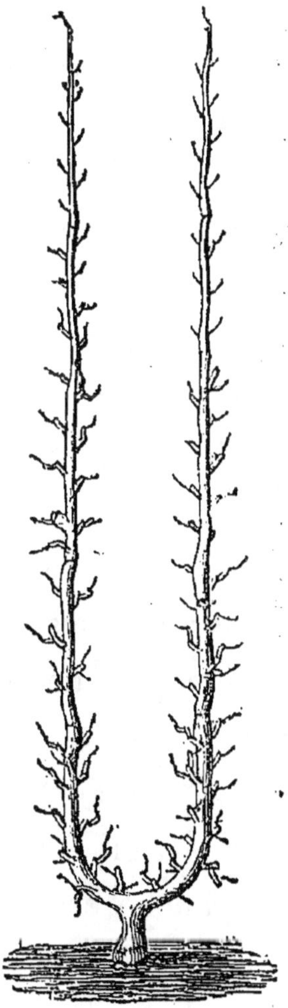

Voici comment s'obtient la palmette à deux branches : soit un scion d'un an, il est taillé à 30 centimètres du sol, au-dessus de deux yeux situés sur les côtés, l'un à droite, l'autre à gauche (T, fig. 70). Pendant la belle saison, les deux rameaux fournis par ces yeux sont dirigés chacun dans leur sens respectif, puis arqués en U et dressés à 30 centimètres l'un de l'autre (F, fig. 70). Ils pousseront désormais dans cette direction, mais tous les ans, lors de la taille hivernale, leurs prolongements successifs seront taillés à environ la moitié ou les deux tiers de leur longueur, pour que les yeux latéraux de ces pro-

Fig. 71. — Palmette verticale.

longements puissent se transformer en branches fruitières et prolongements nouveaux (P, fig. 70).

Palmette verticale à trois ou davantage de branches. — Il est facile d'obtenir des palmettes plus grandes, plus importantes, portant depuis trois jusqu'à sept, huit ou dix branches. Voici comment :

La palmette à trois branches procède d'un scion d'un an qui a été taillé à 35 centimètres du sol, au-dessus de trois yeux combinés, dont deux sont sur les côtés droit et gauche, tandis que le troisième, l'œil de taille, est en avant et nécessairement au-dessus des deux premiers (A, fig. 72). Au printemps, quand les rameaux issus de ces yeux se développent, ils procurent les trois branches cherchées, que l'on dirige ainsi : la branche du sommet pousse droit et prolonge la tige; la branche latérale de gauche est arquée et dirigée parallèlement à 30 centimètres de la branche centrale; la branche latérale de droite pousse à droite; elle est arquée et dirigée parallèlement à 30 centimètres de la branche centrale (B, fig. 72). Quand ces trois branches sont chacune dans la direction qui leur est propre,

il suffit, chaque année, de raccourcir leurs prolongements successifs par la taille d'hiver, de manière
à provoquer la formation des ramifications fruitières et des prolongements nouveaux.

Si nous voulions ajouter à la première paire de
branches latérales une, deux, trois ou quatre nouvelles paires de branches semblables, il conviendrait d'abord d'éloigner les premières de la tige,

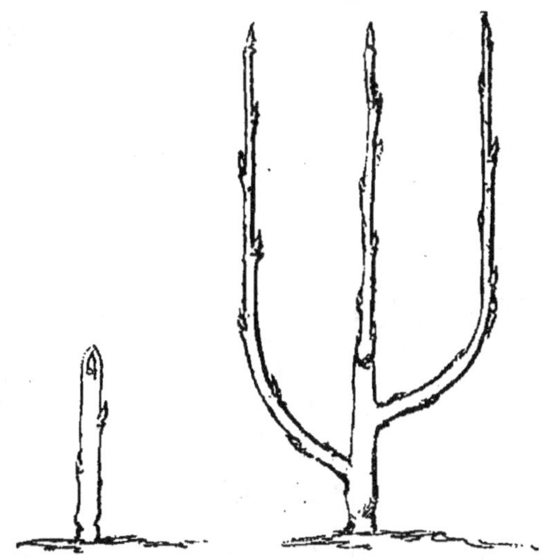

Fig. 72. — Palmette à 3 branches ; A, première taille. B, formation.

pour laisser de la place aux autres ; celles-ci
seraient obtenues successivement, deux par deux
au moyen de tailles faites au-dessus d'yeux combinés. Ces yeux (deux latéraux et un œil de taille),
situés à 30 centimètres de l'étage précédent, four-

nissent, en quelque sorte, autant de nouvelles palmettes à trois branches, qui sont comme greffées sur la même tige et emboîtées les unes dans les autres.

Depuis longtemps déjà, des arboriculteurs expérimentés ont constaté que, dans ces sortes de palmettes, il y a toujours une branche qui l'emporte sur les autres en croissance et en vigueur : c'est la branche médiane, celle qui prolonge la tige, celle qui est en rapport direct avec les racines. Pour obvier à cet inconvénient, ils ont imaginé la palmette double à branches verticales.

Palmette double à branches verticales. — Ici, au lieu de s'élever jusqu'au sommet de la forme et de constituer une seule branche génératrice, la tige se bifurque, à 30 centimètres du sol, en deux branches principales portant, l'une à droite et l'autre à gauche, les branches secondaires (fig. 73).

La première année, le jeune scion d'un an est taillé et traité absolument comme si on voulait en obtenir un U simple (voyez palmette à deux branches). Puis, chaque année, il est pris sur cet U un étage de branches secondaires, et cela, par une taille infligée à chaque branche principale, au-dessus de deux yeux dont l'un est à l'extérieur de l'U et l'autre sur le côté, en face de l'opérateur. Les branches seront toujours parallèles et à 30 centimètres entre elles.

La palmette double peut encore être créée par

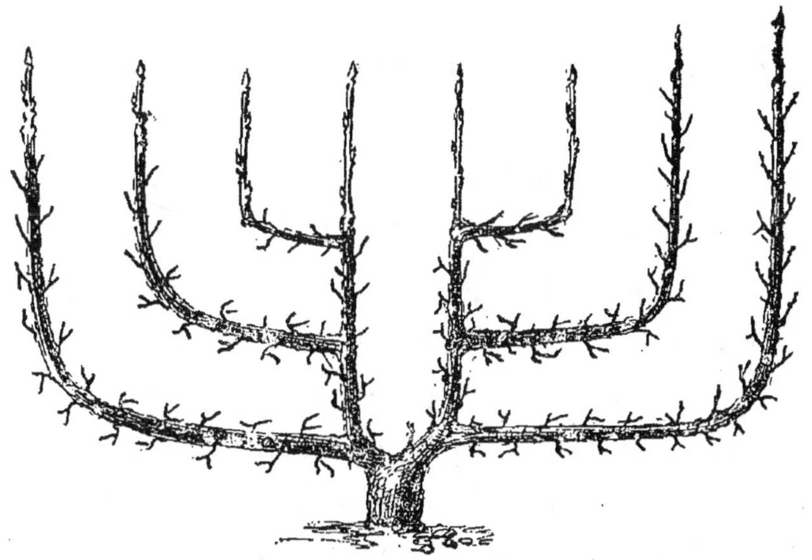

Fig. 73. — Palmette double à branches verticales.

un autre procédé : il consiste, lorsque les deux branches principales en U sont formées, à arquer celles-ci à droite et à gauche pour l'obtention de la première paire de branches secondaires. Sur chacun des coudes de la partie arquée, il est ménagé un œil qui se développe droit en rameaux, que l'on arquera l'année suivante pour obtenir une seconde branche tant à droite qu'à gauche. On obtiendra ainsi, par le même procédé, une troisième, puis une quatrième paire de branches, et ainsi de suite jusqu'à la dernière paire qui limite la hauteur définitive de l'arbre.

Palmette simple ou double à branches horizontales. — Les palmettes simples ou doubles à branches horizontales ne diffèrent des précédentes que par leurs branches charpentières secondaires, qui, étagées les unes au-dessus des autres, sont dirigées horizontalement ou presque horizontalement (fig. 74). On les obtient exactement comme les palmettes verticales, par les mêmes procédés de taille. Seulement, les branches charpentières, dirigées d'abord obliquement, pour que leur croissance ne soit pas entravée, sont amenées peu à peu à l'horizontalité (fig. 74). Les extrémités de ces branches, sur une longueur de 35 à 40 centimètres, devront toujours être dressées. Si l'on s'attachait à les maintenir dans une direction horizontale absolue, il en résulterait certainement chez elles un arrêt de croissance préjudiciable à la fructification.

Les palmettes horizontales sont toujours à grande envergure. Elles seront adoptées de préférence pour la culture des poiriers vigoureux greffés sur franc : *Beurré Hardy, Beurré Diel, Triomphe de Jodoigne, Doyenné d'hiver, Curé,* ou encore, pour les variétés naturellement peu fertiles, *Crassane.*

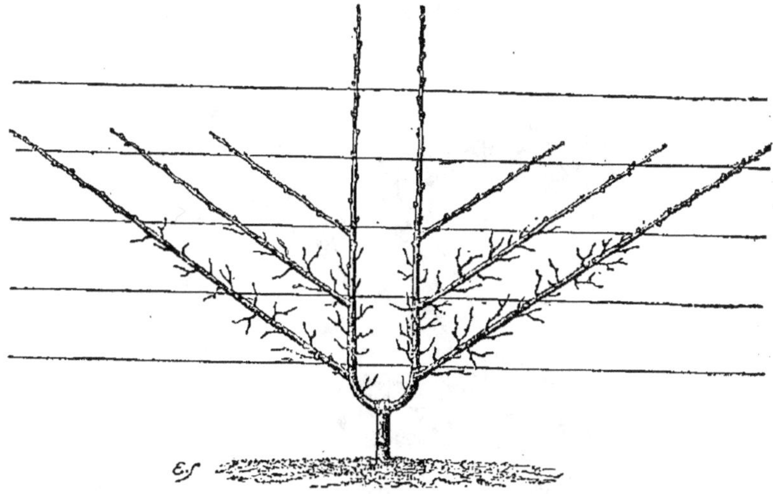

Fig. 74. — Palmette double. Les branches seront amenées progressivement à l'horizontalité.

Il est à remarquer, en effet, — et il serait bien long de dire exactement pourquoi, — que la direction horizontale infligée aux branches d'un arbre, tel que le poirier, a pour résultat de provoquer sur ce poirier la formation naturelle d'organes fructifères (boutons).

Traitement hivernal des branches fruitières.— Nous savons que les branches fruitières sont ces courtes ramifications, à longueur limitée, dont le rôle est de produire des fruits.

Elles naissent, comme on a pu s'en rendre compte, sur les prolongements successifs des branches charpentières, à la suite des tailles annuelles de ceux-ci, et la définition que nous avons donnée

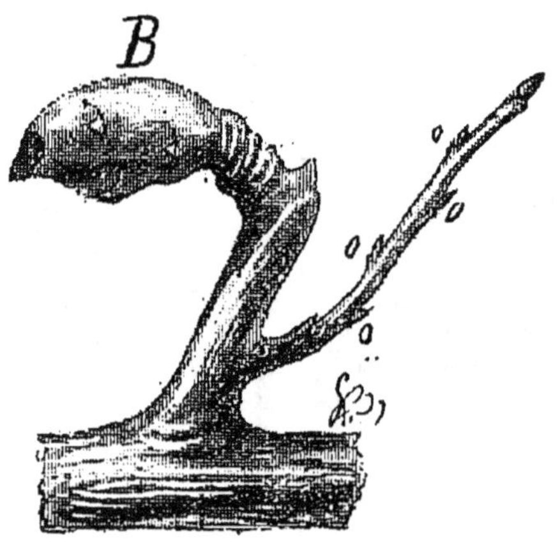

Fig. 75. — Coursonne de poirier, B, bourse, *ooo*, yeux.

de la branche fruitière peut s'appliquer à toutes les espèces.

Le but du jardinier, en traitant ces sortes de branches, qu'on appelle encore *coursonnes,* c'est de les empêcher de dépasser certaines dimensions et de favoriser chez elles l'émission d'organes fertiles tels que les boutons floraux.

Sur le poirier, qui nous occupe ici spécialement,
les coursonnes sont espacées à 12 ou 15 centi-

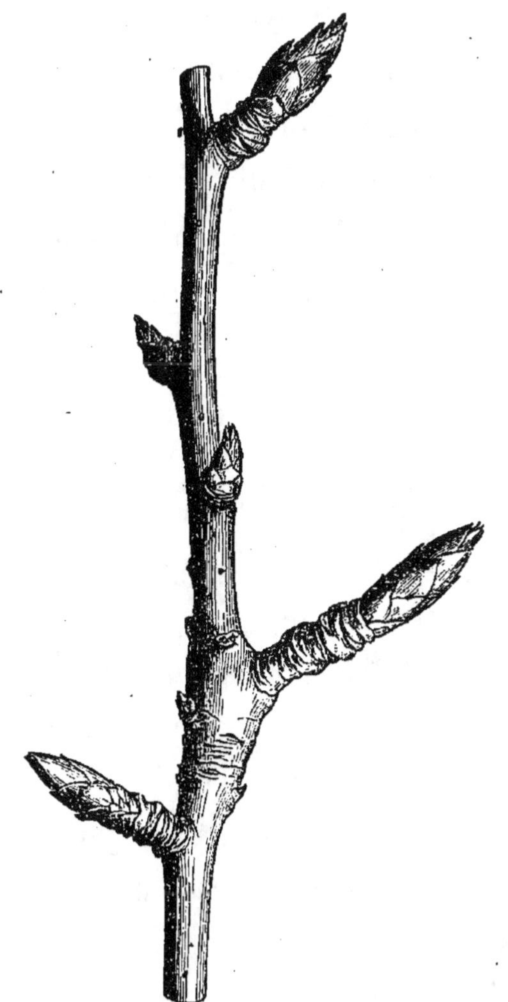

Fig. 76. — Boutons mixtes ou dards.

mètres entre elles. La longueur limitée des
branches fruitières, leur écartement, ont été établis

dans l'intérêt de l'aérage et de l'éclairage, sans lesquels il n'est point de fructification possible.

Il faut distinguer sur la coursonne trois sortes d'organes qui servent à établir la taille :

1° *L'œil* ou bourgeon des botanistes (o, fig. 75); c'est un petit corps pointu, écailleux, né à l'aisselle d'une feuille et placé à fleur d'écorce. Cet organe est stérile, mais il peut, à la suite de différentes transformations, devenir bouton mixte, puis bouton à fruit.

2° Le *bouton mixte* ou *dard* (fig. 76) est l'œil légèrement modifié, un peu grossi et porté à l'extrémité d'un rameau court, trapu et plus ou moins ridé. En un mot, ce bouton est un acheminement de l'œil vers l'organe fructifère par excellence, le bouton à fruit.

3° Quand, à l'extérieur, il n'y a presque pas d'inégalité entre le

Fig. 77. — Brindille.

dard et le *bouton à fruit* ou *bouton à fleur* (fig. 67), toute la différence réside dans la partie réellement importante et terminale de l'organe : chez le dard cette partie est étroite, presque mince et pointue ; chez le bouton à fruit, elle est grosse et comme gonflée.

Deux autres organes se rencontrent aussi, mais plus rarement, sur les coursonnes ; ce sont : 1° *la brindille* (fig. 77), rameau menu, frêle, de 10 à 20 centimètres de long, qu'il ne faut garder qu'à défaut d'autre production ; 2° *la bourse* (fig. 75), organe aussi court et aussi rond que la brindille est élevée et mince. La bourse, organe tendre, presque charnu, ressemble à un petit tubercule, avec une cicatrice à son extrémité. Cette cicatrice est le point où était attaché le fruit, car la bourse résulte toujours de la formation des fruits ; elle porte à sa surface des yeux, de petits dards ou de petites brindilles, qui se transforment facilement en boutons à fruit ou produisent sans difficulté cette sorte d'organe.

Le bouton à fruit et la bourse sont des productions qu'il faut toujours ménager, à moins que l'arbre n'en porte une quantité considérable.

Connaissant les organes qui constituent les branches fruitières, nous pouvons, dès maintenant, ranger celles-ci en branches fruitières qui ne se taillent point et branches fruitières qui se taillent.

Les premières sont naturellement courtes et portent moins de quatre organes. Elles peuvent n'en porter qu'un seul — exemple : la coursonne à un bouton — ou deux, ou trois, soit semblables, soit différents.

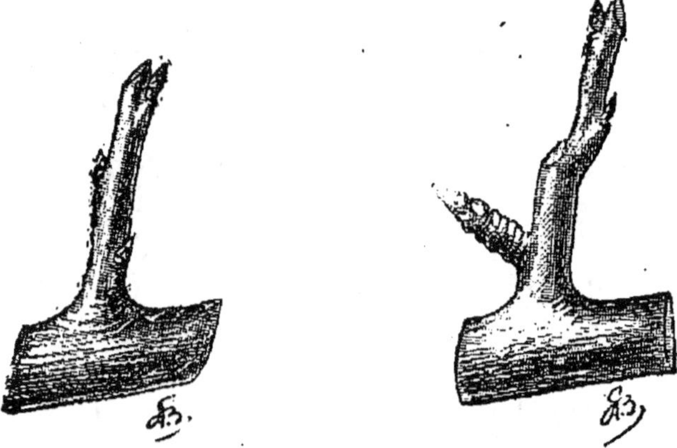

Fig. 78. — Rameau taillé à trois yeux.   Fig. 79. — Rameau taillé à deux yeux et un bouton.

Les branches fruitières qu'il est nécessaire de tailler l'hiver sont, d'après M. Courtois, toutes celles qui portent plus de trois organes, et, dans ce cas, le professeur d'arboriculture de la ville de

Chartres enseigne qu'il faut réduire chaque branche à trois organes seulement. De là le nom de *taille trigemme*.

Selon que les trois premiers organes inférieurs de la branche coursonne sont de telle ou telle nature, on obtient ainsi par la taille :

1° La coursonne à trois yeux (fig. 78) ;

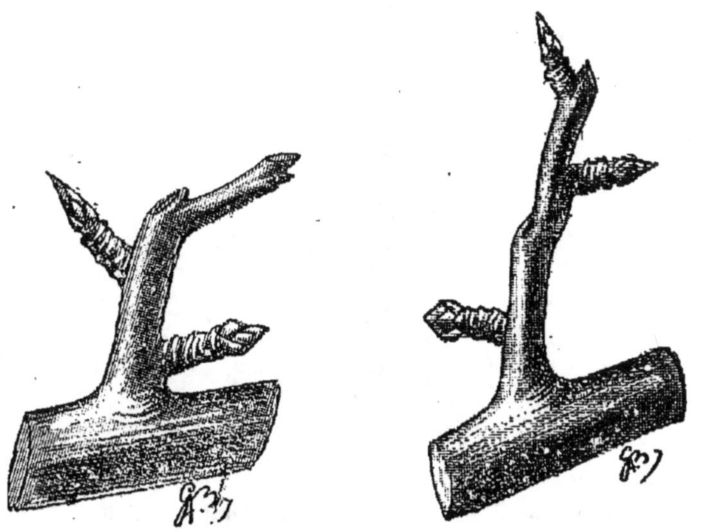

Fig. 80. — Rameau taillé à deux boutons et un œil.

Fig. 81. — Rameau taillé à trois boutons.

2° La coursonne à deux yeux et un bouton (fig. 79) ;

3° La coursonne à un œil et deux boutons (fig. 80) ;

4° La coursonne à trois boutons (fig. 81).

Comme tous les systèmes, celui de M. Courtois n'est point sans exception.

Quand, par exemple, sur une coursonne l'on compte trois boutons mixtes très rapprochés les uns des autres, et au-dessus un rameau à bois

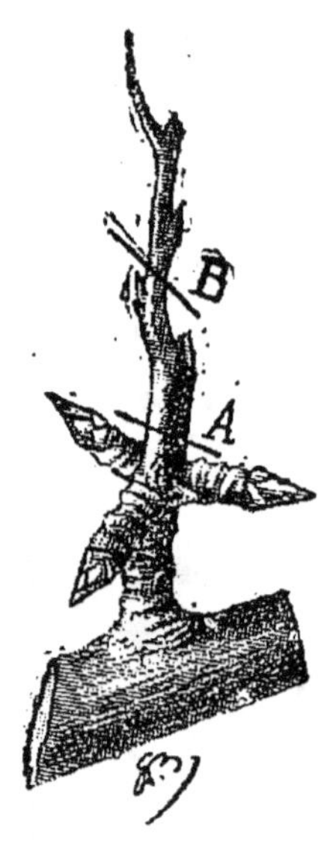

Fig. 82. — Rameau taillé à trois boutons mixtes.

(fig. 82), si l'on taille immédiatement au-dessus de ces trois boutons en A, il est probable que tous se développeront en rameaux, au lieu de se transformer en boutons fruitiers. Pourquoi cela ? Parce que, dans ce cas particulier, le sommet végétatif, qui est le point de taille, étant très près des organes réservés, il en résulte sur eux une action très puissante des liquides nourriciers qui les transforment en pousses ligneuses.

Car, c'est un fait caractéristique et remarquable que les organes situés trop près des extrémités des tiges, des branches, des rameaux, ont toujours une tendance à produire des pousses ligneuses, c'est-à-dire du bois, non du fruit. Pour cette raison la branche fruitière (fig. 82) devra être taillée en B.

Tout le problème de la taille hivernale des branches fruitières du poirier revient donc à ceci : savoir déplacer avantageusement et au moment opportun le sommet végétatif de cette branche. Etablir ce sommet végétatif trop près des organes basifurges, et surtout le faire se confondre avec eux, c'est vouer ces organes à une végétation déréglée et stérile ; maintenir le sommet végétatif trop loin de ces mêmes organes, c'est leur préparer un autre genre de stérilité, la stérilité inerte des germes qui s'atrophient et disparaissent.

Taille estivale du poirier. — A partir du moment où la végétation active se manifeste, où les bourgeons s'épanouissent pour laisser s'échapper les jets des pousses vertes, le jardinier doit observer ses arbres. Il a déjà pratiqué, où ces opérations étaient nécessaires, l'ENTAILLE et l'INCISION LONGITUDINALE (voyez première partie).

Ebourgeonnement. — Bientôt, les branches fruitières nécessitent son intervention. Sur chacune d'elles, il ne doit tolérer qu'une seule « pousse à bois », celle du sommet végétatif (fig. 83) ; si d'autres font mine de paraître, il les enlève par une taille au-dessus de leur empattement, à l'épaisseur d'un demi-centimètre. Cette opération s'appelle l'ÉBOURGEONNEMENT.

Sur les prolongements nouveaux des branches charpentières, les yeux se transforment en pousses, dont un certain nombre doivent constituer les branches fruitières futures. Ces pousses spéciales sont espacées à 12 ou 15 centimètres, les autres sont ébourgeonnées, enlevées radicalement.

Pincement. — Le seul bourgeon ou rameau qui termine chaque branche fruitière s'allonge parfois tellement que le sommet végétatif de la branche s'éloigne trop des organes basifurges pour qu'on puisse espérer l'alimentation suffisante de ceux-ci et leur transformation en boutons fructifères. Dans ce cas, il faut rapprocher ce sommet végétatif par un PINCEMENT infligé audit bourgeon. Ce pincement, ou suppression de sa partie terminale herbacée, se fait au-dessus des trois, quatre ou cinq premières feuilles du bourgeon (T fig. 83) ; il ne peut être donné de mesure précise. D'une manière générale, la longueur conservée à ces sortes de bourgeons doit être en raison directe de la vigueur de l'arbre traité.

Les bourgeons réservés sur les prolongements des charpentières, pour la formation des nouvelles coursonnes, sont pincés eux-mêmes à quatre, cinq ou six feuilles.

L'œil de pincement, dans les deux cas, peut se développer en prompt bourgeon (S fig. 83). Si cela est, il faut pincer les prompts bourgeons invariablement à une ou deux feuilles.

Taille en vert. — Il se peut que le pincement dont nous venons de parler ait été fait trop loin de la base de la branche fruitière. On s'en aperçoit au bout d'un certain temps, en constatant que les organes inférieurs, encore trop éloignés du sommet végétatif, n'ont subi aucune influence de cette opération. Dans ce cas particulier, il y a lieu de tailler au-dessous du pincement, à une distance calculée : c'est la TAILLE EN VERT (V fig. 83).

La taille en vert est encore usitée en août sur

Fig. 83. — Branche fruitière de poirier. T, point où s'est fait le pincement ; S, sommet végétatif ; V, point où se fait la taille en vert.

les poiriers qui ont été négligés. Mais, dans ce cas, elle est préjudiciable ; nous la blâmons ; elle ne supplée ni l'ébourgeonnement ni le pincement, qu'on voudrait lui faire remplacer.

Palissage en vert et courbure. — Dès le moment que les prolongements des branches charpentières ont atteint certaines dimensions, il faut les soutenir par le PALISSAGE EN VERT et les COURBER s'il y a lieu, pour les diriger selon la forme infligée à l'arbre. La partie terminale du prolongement est toujours laissée libre ; elle est même artificiellement dressée, si la branche charpentière est horizontale, pour que l'élongation en soit favorisée (fig. 83).

Si deux branches charpentières de même génération sont d'inégale force, palissez la plus vigoureuse tôt et d'une façon sévère, en l'abaissant plus ou moins vers l'horizon ; palissez la plus faible tard, sans la serrer autant et en la maintenant dans une direction plus ou moins verticale. Quand la symétrie est rétablie entre ces deux branches, faites prendre à chacune sa position normale.

Éclaircie des fruits. — Cette opération se pratique bien rarement sur le poirier, attendu que, presque toujours, les poires s'éclaircissent d'elles-mêmes et se réduisent, le plus souvent, à une ou deux par bouquet ; nous avons cependant remarqué plusieurs variétés : *Fondante des Bois, Passe Colmar, Berga-*

mote Esperen, sur lesquelles les fruits, si abondants qu'ils soient, ne se détachent que peu ou point naturellement, et restent attachés par bouquets de trois, quatre, cinq ou six. Sur ces variétés, il faut pratiquer l'éclaircie, la suppression de certains fruits : les plus petits, les moins bien faits.

Effeuillage. — L'effeuillage vient ensuite ; il n'est infligé que tard et seulement sur les variétés dont les fruits sont susceptibles de se colorer sous l'action du soleil : *Beurré Clairgeau, Fondante des Bois, Doyenné d'Hiver*, etc.

Récolte. — La récolte des poires est une des plus délicates opérations de la culture ; elle est de celles qui demandent le plus de tact. En effet, il faut cueillir ces fruits alors qu'ils ne sont pas encore mûrs, pas trop tôt cependant ni trop tard non plus, sous peine, dans le premier cas, de ne les voir jamais mûrir ; dans le second, de les voir mûrir trop rapidement.

Il convient d'abord de distinguer les fruits d'été, ceux d'automne et ceux d'hiver. On tiendra compte de l'époque de maturité appartenant à ces

différentes catégories[1], en se rappelant, pourtant,
que les données à cet égard ne sont pas absolues,
que l'époque exacte de la maturité, et par conséquent l'époque de la récolte, peuvent être influencées par les conditions de milieu : le climat, l'altitude, la nature du sol, l'exposition et la température moyenne de l'année.

En somme, quand les poires ont achevé leur
développement, quand leur épiderme commence
à prendre une teinte plus claire, on peut toujours
les récolter.

Sous le climat de Paris, c'est généralement du 5 au
20 octobre que se fait la cueillette des fruits d'hiver.

On cueille de préférence le matin, entre huit et
onze heures. Les fruits, disposés en un seul lit, au
fond d'une manne, sont portés et exposés quelques
jours dans un local largement ventilé, pour qu'ils
y perdent l'excès de leur eau de constitution.
Après, ils sont définitivement rentrés au fruitier.
N'essuyez pas les fruits mouillés, mais laissez-les
exposés plus longtemps à l'air avant de les admettre au fruitier.

1. Voyez le tableau des variétés.

Maladies. — Trois maladies atteignent surtout le poirier ; ce sont : la tavelure, la rouille et la chlorose.

Chlorose. — Elle peut être due à des causes très différentes ; elle peut provenir d'un manque d'illumination, d'un excès d'humidité dans le sol ou de la pauvreté de ce sol en l'un des agents de la fertilité : azote, acide phosphorique, potasse.

Des jardiniers ont vu dans la chlorose l'effet du manque de fer dans le sol. Il paraît démontré, en effet, qu'une plante dont l'alimentation est positivement dénuée de fer est toujours frappée de chlorose ; pourtant, dans nos expériences sur le terrain, des poiriers chlorotiques n'ont jamais guéri sous l'action des sels de fer appliqués seuls à leurs racines ou à leurs feuilles, alors que la chlorose disparaissait sous l'action d'un engrais chimique ainsi composé :

Nitrate de soude.	2 parties
Chlorure de potassium. . .	2 parties
Superphosphate de chaux. .	1 partie

Le mélange était répandu au mois de février

à raison de 100 grammes par mètre carré de surface correspondant à la masse des racines.

Tavelure. — Cette maladie apparaît sur l'épiderme de certaines poires, où elle forme de petites taches noirâtres, produit de la végétation d'un champignon (le *Fusiclabium pyrinum*). Cette végétation contrarie le développement des fruits et leur communique une saveur amère désagréable. La tavelure est empêchée par la culture en espaliers munis de chaperons et d'auvents.

La bouillie bordelaise[1] aussi arrête l'extension de cette maladie ; on en badigeonne les arbres au mois de février. Les variétés *Doyenné d'hiver, Saint-Germain, Bergamote Esperen* sont fréquemment atteintes de la tavelure.

Rouille. — Un autre champignon, l'*œcidium cancellatum*, produit sur les feuilles, les jeunes rameaux, les pédoncules des fruits, des sortes d'excroissances couleur de rouille. Ce champignon, qui vit alternativement sur le poirier et sur le genévrier, disparaît complètement du premier de ces arbres quand on éloigne ou anéantit le second.

---

1. Voyez la composition de la bouillie bordelaise, page 136.

Insectes parasites. — *Anthonome du poirier et du pommier* (fig. 84). — C'est un charançon dont la larve vit dans les boutons à fruits de ces deux

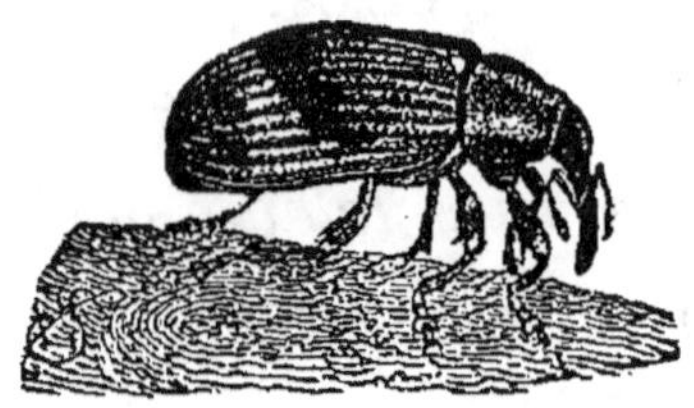

Fig. 84. — Anthonome du poirier grossi.

arbres. Ces boutons ne s'épanouissent pas ; coupez-les et brûlez-les.

Bombyx à cul brun. — Ce papillon pond en août sur les feuilles du poirier ; ses œufs, couverts de poils bruns que la femelle s'est arrachés du ventre,

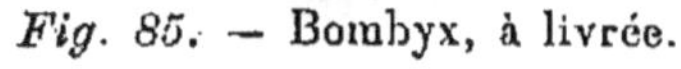

Fig. 85. — Bombyx, à livrée.

Fig. 87. — Œufs du bombyx neustrien disposés en bague autour d'une branche.

éclosent bientôt et produisent toute une colonie de *chenillettes* qui hivernent à l'extrémité des branches, réfugiées sous un épais tissu de soie (nid de chenille). Coupez et brûlez ces nids en hiver.

Bombyx neustrien (fig. 85). — A l'état de larve, c'est cette chenille (fig. 86) rayée longitudinalement de bleu et de rouge, et appelée, pour cela, chenille livrée.

Les œufs du bombyx neustrien sont faciles à reconnaître ; la femelle les groupe tout autour des jeunes rameaux de poirier (fig. 87) en anneaux de cinquante à soixante ; ils éclosent au printemps. Coupez les rameaux qui portent des anneaux d'œufs et brûlez-les.

Fig. 86. — Chenille.

Fig. 88.
Carpocapse des pommes.

Carpocapse des pommes (fig. 87). — Ce petit papillon crépusculaire produit une larve blanche qui vit dans les poires, les pommes, et y est connue sous le nom de ver des pommes (fig. 88).

Pour combattre cette espèce, recueillez les fruits

véreux ; enlevez, en hiver, les écorces mortes et les mousses que vous brûlerez ; puis, passez les troncs d'arbre au lait de chaux.

Cécidomye noire. — C'est une mouche ; elle pond dans les ovaires ou jeunes fruits ; les poires de ponte se gonflent, puis noircissent ; on les appelle *calbasses ;* il faut les recueillir avant que les larves ne s'en échappent et les brûler.

Kermès à coquille. — Il forme parfois, à la sur-

Fig. 89. — Pomme ouverte dont le cœur est occupé par la chenille du carpocapse prête à se transformer.

face des écorces, une couche rugueuse de petites coques dont chacune abrite un insecte suceur. Le kermès est très nuisible ; on le détruit avec l'insecticide suivant, dont on badigeonne l'écorce des arbres atteints :

Eau. . . . . . . 1000 grammes
Savon noir. . . . 100 —
Fleur de soufre. . . 250 —

Cet insecticide, préparé avec de l'eau chaude,

Fig. 90. — Tenthrède du poirier (ver limace).

est appliqué, à froid et au pinceau, sur les écorces envahies.

Puceron. — Tout le monde connaît ces petits insectes suceurs, verdâtres, ou noirs, ou bruns, qui se tiennent généralement à l'extrémité des bourgeons.

Les insecticides employés en aspersions contre le puceron sont le jus de tabac additionné de vingt à vingt-cinq fois son volume d'eau et les solutions de savon noir (50 à 70 grammes de savon par litre de liquide).

Rhynchites. — Ce sont des sortes de charançons de couleur métallique ; ils vivent à l'état de larves dans les feuilles roulées. Ces feuilles, coupées, seront brûlées.

Tenthrède du poirier. — Elle est connue surtout à

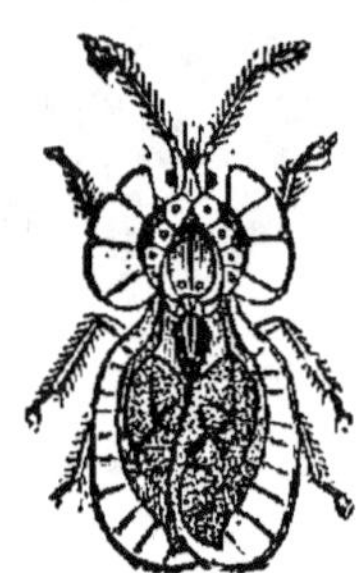

Fig. 91. — Tigre du poirier grossi.

l'état de larve : *le ver limace* (fig. 89), qui vit à la surface des feuilles et en dévore le parenchyme. On détruit ces larves en projetant sur les feuilles atteintes, soit de la cendre ou de la chaux en poudre.

Tigre du poirier (fig. 90). — Il rappelle, par sa

forme, une sorte de punaise, mais toute petite et tigrée. Ces insectes et leurs larves vivent attachés à la face inférieure des feuilles du poirier, épuisant les arbres par leurs succions. On s'en débarrasse au moyen d'aspersion d'un insecticide formé de cinquante parties d'eau et d'une partie de jus de tabac. L'eau doit être projetée sous les feuilles à l'aide d'un appareil spécial, la seringue à jet brisé, par exemple.

Art. II. — **Le Pommier**

Partie comestible. — PORTION EXTÉRIEURE DU PÉRICARPE

Description. Historique. — Indigène, le pommier appartient aussi à la famille des rosacées, comme le poirier; il a le port moins élevé et plus étalé, plus en parasol que celui de ce dernier arbre; ses fruits aussi diffèrent de forme et de saveur: ils sont relativement aplatis et plus ou moins acidulés.

Fig. 92. — Rameau de Pommier; *b* bourgeon terminal, *b'* bourgeon latéral.

Espèces. Variétés. — Une seule

espèce de pommier est cultivée : c'est le pommier commun : *Malus communis.*

Les pommiers *Doucin* et *Paradis* ne sont, d'après les botanistes les plus accrédités, que des variétés de l'espèce, variétés dont on tire un grand parti pour le greffage des pommiers comestibles. Les fruits de ces derniers, comme les poires, peuvent se subdiviser en *pommes à couteau,* d'été, d'automne et d'hiver ; *pommes à cuire* et *pommes à cidre.* Voici une liste des plus recherchées :

POMMES A COUTEAU

A. — *Variétés d'Été*

Borovitsky. — Fruit moyen, bon. Maturité : août. Culture : haute tige, vase, cordon.

Transparente de Croncels. — Fruit assez gros, très bon. Maturité : août à décembre. Culture : haute tige et vase.

B. — *Variétés d'Automne*

Grand Alexandre. — Fruit très gros, bon. Maturité : fin de l'été, commencement de l'automne. Culture : basse tige.

Reinette dorée. — Fruit moyen, très bon. Maturité : automne et commencement de l'hiver. Culture : haute tige, vase, etc.

Variétés d'Hiver

Reinette de Canada. — Fruit gros, très bon. Maturité : de décembre à avril. Culture : haute tige, vase, cordon.

Calville blanc. — Fruit gros, très bon. Maturité : de décembre à avril. Culture : petites formes et espalier.

Fenouillet gris. — Fruit petit, bon. Maturité : décembre à avril. Culture : haute tige.

Api. — Fruit très petit, bon. Maturité : décembre, avril. Culture : toutes formes.

POMMES A CUIRE

d'Été, d'Automne et d'Hiver

Toutes les pommes sont bonnes cuites, mais les variétés suivantes sont spécialement cultivées pour être consommées à cet état.

Rambour d'été. — Fruit gros, très bon cuit. Maturité : automne. Culture : haute tige.

Châtaignier. — Fruit moyen, très bon cuit. Maturité : automne. Culture : haute tige.

Court pendu gris. — Fruit moyen, très bon cuit. Maturité : hiver. Culture : haute tige.

CULTURE

Conditions de milieu. — On pourrait répéter ici ce qui est dit sur cette question à l'égard du poirier. Cependant, le pommier s'accommode d'un peu plus de fraîcheur au pied et à la tête ; il vient assez bien même dans les terres fortes, et la Normandie, où il prospère, est remarquable par son climat brumeux, son atmosphère chargée d'humidité.

Soit à cause de la délicatesse de leur tempérament, soit parce qu'elles ne pourraient, sans cela, acquérir toutes leurs qualités, différentes variétés exigent une culture au jardin fruitier, avec taille et soins particuliers.

Ainsi, par exemple, les pommiers Calville, Reinette dorée, Api, etc., sans exiger l'espalier de l'ouest, s'y comportent très bien, y produisent des fruits très beaux et richement colorés.

Multiplication. — Les pépins de pommes se sèment dans le but d'obtenir des sujets pour la greffe, ou de nouvelles variétés. Les variétés cultivées se multiplient par greffage en fente ou en écusson à œil dormant. (Voir ces genres de greffe, première partie du livre.)

Trois sujets servent à greffer le pommier ; ce sont :

1° Le *Franc* (arbre issu d'une graine) ; il est vigoureux et produit des arbres d'un large développement : les arbres *haute tige*, les arbres de verger.

2° Le *Paradis ;* c'est une variété du pommier qu'on multiplie elle-même par marcottage en cépée (voyez ce terme) pour en produire des sujets porte-greffe. Le paradis procure des arbres d'un petit développement, mais fertiles ; il convient aux pommiers destinés à former des cordons horizontaux ou autres formes peu étendues. Sur paradis, les fruits sont précoces, volumineux et d'excellente qualité. Le pommier greffé de la sorte convient pour planter les terres un peu humides.

3° Le *Doucin*. C'est encore une variété de pommier qui se multiplie comme le Paradis. Le Doucin, quant à la vigueur et à l'ampleur générale, est intermédiaire entre le franc et le paradis ; il convient, de préférence à ces deux sujets, pour la culture du pommier au jardin fruitier proprement dit, dans un terrain plutôt sec qu'humide et sous une forme plutôt grande ou moyenne que petite.

Plantation. — La plantation est faite avec les soins indiqués à ce chapitre (première partie du livre). Selon les formes destinées aux arbres et les sujets sur lesquels ils sont greffés, il est réservé entre eux un espace qui varie comme suit :

AU JARDIN FRUITIER :

Cordons horizontaux sur doucin. . . . 4 mètres.
      —   *sur paradis.* . . . 3 —
Vase sur doucin. . . . . 2 m. 50 ou 3 m.
  — *sur paradis.* . . . . 1 m. 50 ou 2 m.
Fuseau sur doucin. . . . . 2 mètres.
  — *sur paradis* . . . . 1 m. 50

AU VERGER :

Haute tige sur franc. . . . . 6 ou 8 mètres.

Taille hivernale du pommier : obtention des formes. — Tout ce qui a été dit du poirier sur cette question s'applique exactement au pommier ; seulement, les formes qui conviennent d'une façon plus particulière à cet arbre sont : la *haute tige* au verger, le *vase* et le *cordon horizontal* au jardin fruitier. On a vu précédemment que, pour former des vases, des cordons, et dans l'intérêt de la fructification des variétés soumises à ces formes, il est préférable de les choisir greffées sur doucin ou paradis.

Quant à la branche fruitière du pommier, la *taille hivernale trigemme* lui réussit généralement mieux qu'au poirier.

Taille estivale. — Ici encore, ce sont, avec le même mode d'application, les opérations infligées au poirier que l'on inflige aussi au pommier.

MALADIES. INSECTES NUISIBLES

Maladies. — Le *Chancre* est une sorte de décomposition qui, déclarée en un point, gagne peu à peu les parties voisines et aériennes de l'écorce ainsi que les tissus profonds de l'arbre. Les chancres mettent la vie des arbres en danger. Il faut, dès que l'on en découvre un, tailler dans le vif du bois et extirper toutes les parties malades, puis laver cette plaie avec une solution d'acide phénique au 1/40 et, quand la plaie est sèche, la recouvrir de cire à greffer.

Rouille. — Cette maladie est décrite au chapitre « Poirier »

Blanc des racines. — Ce champignon parasite des racines du pommier apparaît assez rarement. On a employé contre lui, mais souvent sans succès, la fleur de soufre répandue sur le sol et enfouie par un labour.

Insectes. — *Pucreon laineux*. — Ils ne diffère du puceron ordinaire que par l'enduit qui l'enveloppe comme ferait une mousse blanche et laineuse. C'est le plus dangereux des parasites du pommier. Badigeonnez les parties atteintes avec un insecticide que vous préparez de la manière suivante :

Prenez un kilogramme de savon noir; versez dessus, en remuant à l'aide d'un simple morceau de bois, un litre de pétrole, et, sans cesser de

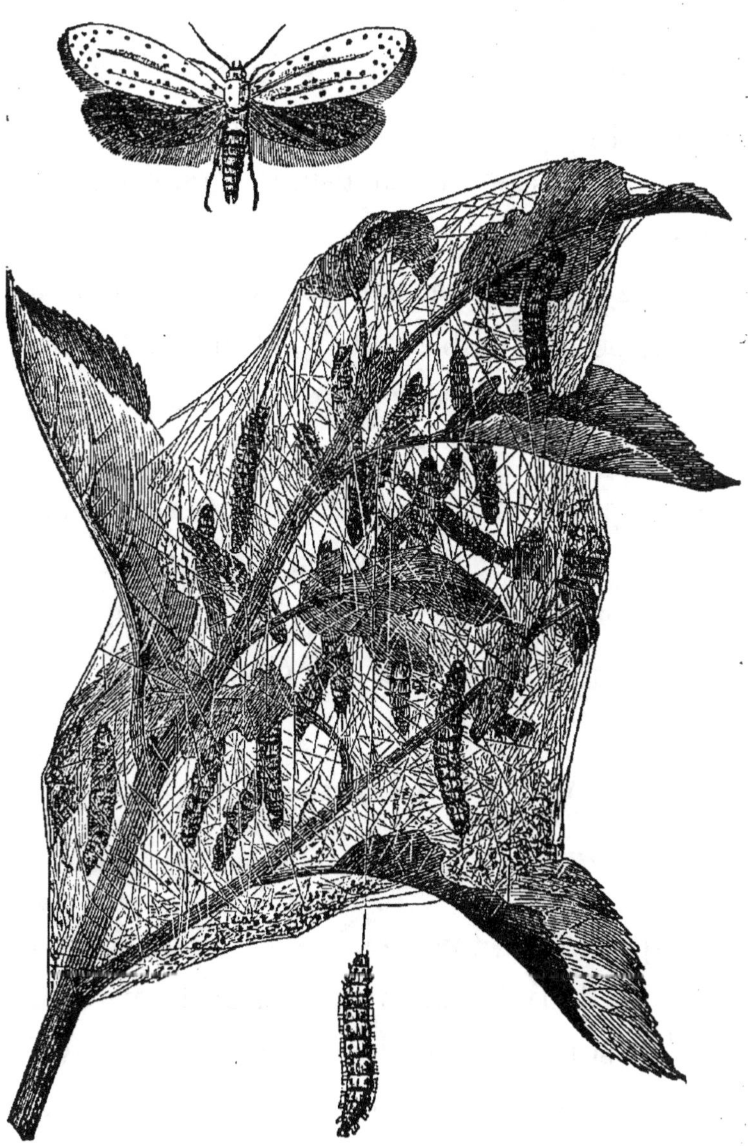

Fig. 93. — Yponomeute cousine grossie.

remuer, ajoutez doucement dix litres d'eau : l'insecticide est fait.

Yponomeute du pommier (fig. 92). — Les chenilles de ce petit papillon blanc, à ailes pointillées de noir, apparaissent en mai-juin, nombreuses et affamées.

Echenillez ou projetez sur les nids un insecticide contenant, pour dix litres d'eau, un litre de pétrole ou 500 grammes de savon noir ou un demi-litre de jus de tabac.

Anthonome des fleurs du pommier. — C'est celui que nous avons décrit en étudiant le poirier.

Bombyx à cul brun, Kermès à coquille. — Ils sont dans le même cas que l'*Anthonome*.

ART. III. — **Le Cognassier**

Partie comestible. — PORTION EXTÉRIEURE DU PÉRICARPE

Description. Historique. — Le cognassier est un arbre de deux à quatre mètres de haut, à port plutôt buissonnant qu'élevé, à feuilles ovales caduques, alternes, à fleurs larges et solitaires, à fruits piriformes, tomenteux. Quand on a enlevé l'espèce de duvet qui les recouvre et qu'ils sont mûrs, ces fruits apparaissent d'un beau jaune ; ils ont une odeur forte particulière, et ne possèdent point, à beaucoup près, les qualités de la poire ou de la pomme. D'après M. de Candolle, le cognassier serait originaire de la Perse et du Caucase. Dans tous les cas, son introduction en France remonte à une époque inconnue, ce qui laisse à penser qu'elle est fort éloignée de nous.

Fig. 94. — Le Cognassier de Portugal.

Variétés. — Deux variétés seulement sont cultivées ; ce sont :

1° Le *Cognassier commun :* fruit gros ou moyen, court et piriforme. Maturité : octobre-novembre.

2° Le *Cognassier du Portugal :* fruit plus gros, plus allongé et toujours piriforme. Même époque de maturité (fig. 93).

Conditions de milieu. — Le cognassier est surtout une essence du midi de la France. Néanmoins, il fructifie même dans la partie la plus septentrionale de notre pays. Tous les terrains, d'ailleurs, lui sont propres, et même dans les sols secs, où le poirier sur cognassier dépérit, le cognassier vit et se comporte bien. On ne cultive point cet arbre en espalier, à cause de sa valeur relativement inférieure. Il ne faut pas, pour cela, négliger de le planter dans les endroits bien éclairés du jardin.

Multiplication. — Le cognassier se multiplie par semis, bouturage, marcottage et greffage. Le semis est rarement employé. On bouture et on marcotte pour produire des sujets porte-greffes. Le greffage est le procédé réellement usité pour propager le cognassier dans le but d'en obtenir

des fruits. On greffe en écusson du 15 juillet au
15 août, sur cognassier issu de bouture ou sur
aubépine. Les cognassiers greffés sur aubépine
passent pour être plus fertiles que les autres.

Plantation. — Cet arbre ne se cultive qu'au
verger à l'état de haute tige, ou au jardin fruitier
en buisson ; mais on ne le taille pas d'une manière
spéciale. A cause de ses fleurs, il est parfois introduit dans les jardins d'agrément ; on devra l'y
cultiver aux situations les mieux éclairées, pour
que ses fruits puissent se former et atteindre leur
développement complet.

Récolte des coings. — Le coing est récolté
lorsqu'il est parfaitement mûr. Sa maturité se
reconnaît au peu d'effort qu'il faut pour détacher le
duvet qui le couvre, à la couleur jaune de son
épiderme et à l'odeur qui s'en dégage.

Les coings ne sauraient se conserver longtemps ;
ils se gâtent facilement. D'ailleurs, leur conservation est sans importance, puisqu'ils sont surtout
consommés à l'état de conserves cuites.

Maladies. — Le cognassier n' a point de maladie.

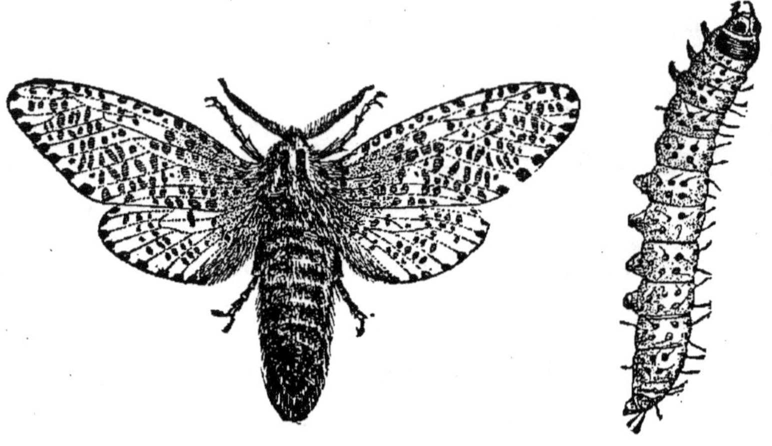

Fig. 95 et 96. — La Zeuzère du marronnier et sa chenille.

Insectes nuisibles. — Deux insectes l'attaquent quelquefois, mais sans causer jamais de dégâts excessifs ; ce sont :

1° *Puceron*. — On le détruit par les procédés usités vis-à-vis des autres arbres ;

2° *Zeuzère du marronnier* (fig. 94 et 95). — Papillon dont la larve creuse des galeries dans le bois.

CHAPITRE III

FRUITS DRUPACÉS A PLUSIEURS NOYAUX

Article premier. — **Le Néflier**

Partie comestible. — PORTION EXTERNE DU PÉRICARPE

Description. Historique. — Le néflier est un arbuste à port buissonnant, haut de deux ou trois mètres ; il fait encore partie de la grande famille

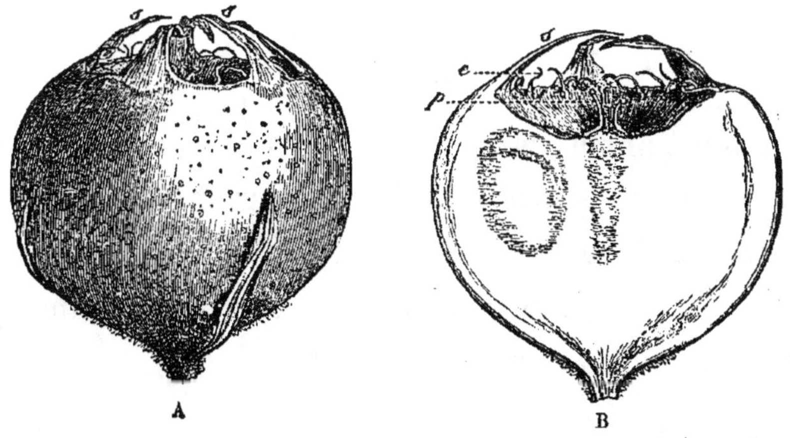

Fig. 97. — Néflier. A, Fruit entier, B. coupé longitudinalement.

des rosacées ; ses feuilles, ovales, acuminées, sont courtement pétiolées ; ses fleurs, blanches, solitaires, s'épanouissent à l'extrémité des jeunes rameaux. Le fruit (fig. 96) est rond, de couleur terreuse ; il porte un œil terminal très large et renferme cinq loges ; au lieu d'être parcheminées comme dans la poire, la pomme, les parois de ces loges sont lignifiées, durcies, et forment cinq noyaux.

Le néflier est un arbre indigène.

Variétés. — On en cultive deux :

1° Le *Néflier commun*, dont les fruits sont moyens ;

2° Le *Néflier à gros fruits*.

CULTURE

Conditions de milieu. — Nous pourrions répéter ici ce que nous avons dit du cognassier. Pourtant, quant au climat, le néflier diffère ; il se comporte mieux sous ceux du centre et du nord de la France que sous celui du midi.

Multiplication. — C'est par marcottage et greffage que l'on propage le néflier. Rarement le marcottage est usité. On a plus souvent recours à l'écussonnage, qui se pratique à œil dormant, en juillet, sur aubépine, cognassier ou poirier. L'aubépine est de beaucoup le sujet le plus recherché et le meilleur.

Plantation. — Cet arbre ne se taille pas. On le cultive en buissons et on le plante généralement dans les parties du jardin fruitier qui ne sauraient convenir à d'autres essences plus méritantes. Il arrive aussi parfois que le néflier est mélangé, au jardin d'agrément, avec les autres arbustes exclusivement décoratifs. Dans ce cas particulier, il doit être planté sur la lisière des massifs ; sa fructification est à cette condition. Il va de soi qu'on ne le taille nulle part.

Récolte des fruits. — Les nèfles se cueillent très tard sous le climat de Paris : à la fin d'octobre et, dans tous les cas, avant l'apparition des premières fortes gelées. On les conserve au fruitier jusqu'à ce qu'elles soient devenues molles, blettes ; leur chair alors, au lieu d'avoir la couleur blanche qu'elle possédait d'abord, a pris une teinte brune qui rappelle la chair de poire cuite.

On ne connaît à cet arbre ni maladies, ni insectes parasites.

CHAPITRE IV

FRUITS DRUPACÉS A UN SEUL NOYAU

Article premier. — **Le Pêcher**

Partie comestible. — PORTION EXTERNE DU PÉRICARPE

Description. Historique. — Cet arbre, de la famille des rosacées, atteint, à l'état libre, de trois à cinq mètres de haut ; ses racines sont pivotantes. Les feuilles, lancéolées, dentées, d'un vert clair, ont parfois à leur base de petites glandes qui sont, pour certains auteurs, des caractères de variétés. Les fleurs du pêcher ont une couleur rose plus ou moins foncé ; la circonférence de ces fleurs est variable. Il y a quelque temps, on prétendait que toutes les variétés à grandes fleurs étaient des variétés à fruits précoces. Depuis que le nombre des pêchers s'est tant, accru, on a pu constater que les dimensions des fleurs n'impliquent pas toujours tel degré de précocité ou de tardivité du fruit.

Ce fruit est globuleux, parcouru unilatéralement
par un sillon plus ou moins apparent ; le péricarpe

Fig. 98. — Branche fleurie de pêcher à fleurs semi-doubles.

charnu adhère ou n'adhère pas au noyau. On cultive surtout les pêches à chair non adhérente.
L'épicarpe, ou peau du fruit, est duveteux chez la

pêche commune et lisse chez le brugnon. Les fleurs du pêcher et les fruits qui leur succèdent n'apparaissent que sur les rameaux âgés d'un an, c'est-à-dire sur les pousses de l'année précédente. Toute la taille appliquée à la branche fruitière de cet arbre repose sur ce fait constant.

Presque toutes les parties de l'arbre, sauf le

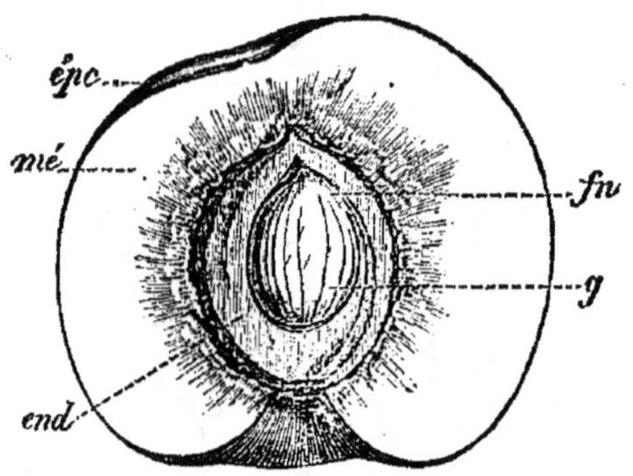

Fig. 99. — Pêcher. Coupe longitudinale du fruit.

fruit, renferment une certaine proportion d'un poison violent, l'acide cyanhydrique. Il est probable que cet élément n'a jamais subsisté dans le fruit lui-même, quoi qu'en dise la légende chinoise, qui prétend que les propriétés vénéneuses des pêches auraient été éliminées par la culture.

Le pêcher a été introduit de Perse en France, à une époque très ancienne qu'aucun document

historique ne consigne. A la suite de cette impor-
tation, on fut naturellement porté à considérer le
pêcher comme originaire de Perse. Aujourd'hui,
des observations précises semblent démontrer que
la véritable patrie de cet arbre est la Chine, où il
croît spontanément à l'état sauvage.

Espèces et Variétés. — Deux espèces sont la
souche de toutes les variétés de pêchers couram-
ramment cultivés pour les fruits ; ce sont :

1° LE PÊCHER VULGAIRE (*Persica vulgaris*), à
fruits duveteux ;

2° LE PÊCHER A FRUIT GLABRE (*Persica lœvis*).

Quant aux fruits, les pomologues ont cru devoir
les classer de la façon suivante :

PÊCHES DUVETEUSES.
à chair blanche à noyau libre.
à chair blanche à noyau adhérent.
à chair jaune (*alberge*).
à chair rouge (*sanguine*).

PÊCHES GLABRES. . .
à noyau libre (*nectarines*).
à noyau adhérent (*brugnons*).

Voici les variétés les plus généralement recommandées. Nous les classons en précoces, demi-
précoces et tardives :

Pêches duveteuses précoces

Précoce Alexandre ou ***Alexander***. — Fruit moyen, bon. Maturité : juillet. Culture : plein vent ou espalier, selon la nature du climat.

Amsden. — Fruit moyen, bon. Maturité : juillet. Culture : semblable à la culture de la variété précédente.

Précoce Rivers. — Fruit moyen, bon. Maturité : première quinzaine d'août. Culture des deux premières variétés.

Grosse Mignonne hâtive. — Fruit gros, très bon. Maturité : août. Culture : espalier à l'est ou au midi.

Pêches duveteuses demi-précoces

Grosse Mignonne. — Fruit gros, très bon. Maturité : fin août. Culture : espalier.

Madeleine : Fruit gros, très bon. Maturité : fin août, commencement de septembre. Culture : espalier.

Galande. — Fruit gros, très bon. Maturité : commencement de septembre. Culture : espalier. (Greffer sur amandier).

Malte. — Fruit moyen, très bon. Maturité : commencement de septembre. Culture : en espalier et, de préférence, greffée sur amandier.

Reine des vergers. — Fruit très gros, assez bon. Maturité : milieu de septembre. Culture : plein air et espalier.

Pêches duveteuses tardives

Bon Ouvrier. — Fruit gros, très bon. Maturité : fin septembre. Culture : espalier.

Bourdine. — Fruit gros, très bon. Maturité : fin septembre et octobre. Culture : espalier.

Salway. — Fruit gros, bon. Maturité : fin octobre. Culture : espalier au midi.

Pêches glabres (NECTARINES)

Galopin. — Fruit gros, très bon. Maturité : septembre. Culture : espalier.

Victoria. — Fruit moyen, très bon. Maturité : fin septembre. Culture : espalier.

Pêches glabres (BRUGNONS)

Violet musqué. — Fruit moyen, très bon. Ma-

turité : septembre. Culture : espalier à l'exposition
du midi.

CULTURE

Conditions de milieu. — Le pêcher exige les
mêmes conditions climatérique que la vigne ; comme
cette plante, il faut le cultiver en espalier, sous le
climat de Paris, si l'on veut assurer sa fructification. Dans le midi et le centre, toutes les variétés
réussissent en plein vent ; les variétés précoces
Amsden, *Alexander* y deviennent l'objet d'un commerce important pour l'alimentation de Paris.

Avec ces mêmes variétés et une autre : *Reine
des vergers*, la culture de plein vent a parfois,
mais exceptionnellement, donné de bons résultats
sous le climat séquanien.

Pour les pêchers, le sol sera profond, de consistance et de fraîcheur moyennes. S'il ne présentait
pas ces qualités, il ne faudrait pas, tout au moins,
qu'il s'en écartât trop ni dans un sens ni dans
l'autre ; alors on pourrait quand même cultiver
cet arbre en le choisissant greffé sur un sujet
approprié au sol, comme nous allons l'indiquer à
l'article « multiplication » du pêcher.

Quant aux expositions, pour la culture en espalier, les meilleures sont celles du levant, du couchant et du midi. L'espalier au midi sera cependant évité si la terre du jardin est naturellement sèche ; on aurait à y redouter la chute des fruits avant la maturité.

Multiplication. — A part quelques exceptions, *Mignonne* et **Reine des vergers,** le pêcher ne se reproduit pas exactement par l'ensemencement de ses noyaux ; aussi n'emploie-t-on ceux-ci, le plus souvent, que pour procurer des sujets porte-greffes appelés « francs ».

Le mode de multiplication par excellence est le greffage en écusson à œil dormant, pratiqué depuis fin août jusque dans le courant de septembre.

On greffe le pêcher sur franc, sur amandier et sur prunier.

Pour planter dans un sol profond, un peu sec, le pêcher sur amandier ou sur franc est préférable.

Pour planter dans une terre peu profonde et légèrement humide, il vaut mieux choisir le pêcher greffé sur pommier *Saint-Julien* ou *Damas noir.*

Le pêcher greffé sur abricotier passe pour bien résister, même dans les sols relativement arides.

Pour cultiver le pêcher en pots (culture forcée), on le greffe sur prunellier des haies.

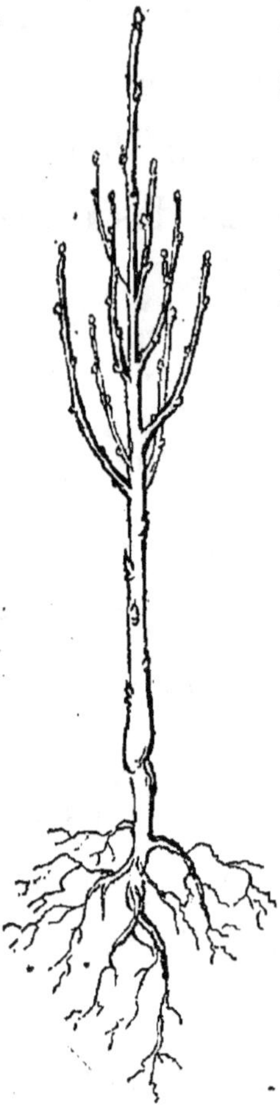

Plantation. — En ce qui concerne les opérations générales, la plantation du pêcher ne diffère pas de celle des autres arbres. (Voir première partie : *Plantation.*)

Pour planter en espalier, il est fait choix de scions d'un an, ayant un système de racines bien développé et la tige garnie d'yeux, au moins dans la moitié inférieure (fig. 100).

Fig. 100. — Pêcher. Type du scion d'un an pour plantation en espalier.

Les arbres qui ne présenteraient pas suffisamment de racines et auraient la tige garnie de rameaux grêles issus de prompts bourgeons seraient impropres à donner des arbres vigoureux ; il deviendrait difficile d'en obtenir des formes régulières.

Selon les dimensions des formes auxquelles on les soumet et selon les sujets sur lesquels ils sont greffés, les pêchers se plantent aux distances suivantes :

Palmette verticale à 2 branches.   1 mètre.
     —   *à 3*   —   1 m. 50.
     —   *à 4*   —   2 mètres.

et ainsi de suite, en augmentant l'écartement de 50 centimètres par branche prise en plus.

Candélabre à 10, 12 ou 14 branches.   5, 6 ou 8 mètres.
Palmette à branches horizontales.   5 à 8 mètres.

Les très grandes formes ne se peuvent obtenir qu'avec les pêchers greffés sur franc ou amandier et dans les sols favorables à ces sortes de sujets.

Obtention des formes. — Taille hivernale du pêcher. — C'est aussi après les grands froids, comme la vigne, que le pêcher est taillé. La nature délicate du bois de cet arbre, ses boutons encore mal apparents en automne, exigent qu'il en soit ainsi.

Les formes telles que palmettes à deux, à trois

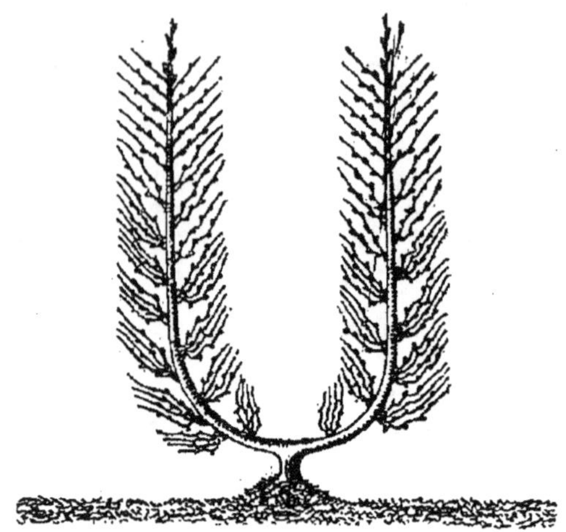

Fig. 101. — Palmette verticale à deux branches ou en U.

et davantage de branches verticales (fig. 101,

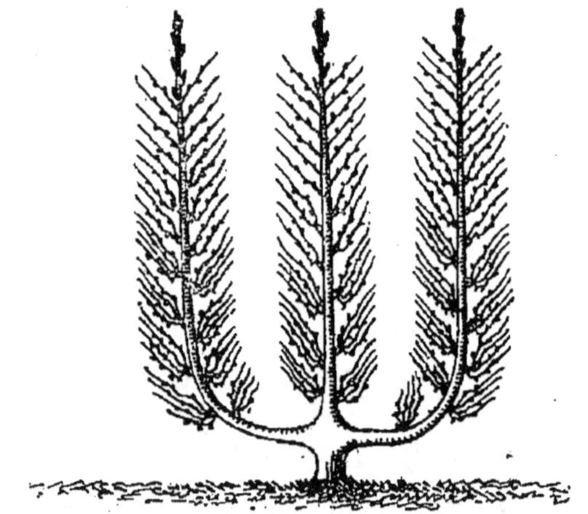

Fig. 102. — Palmette verticale à trois branches.

102, 103), la palmette verrier (fig. 104), les pal-

mettes simples ou doubles à branches horizontales
(fig. 105, 106), s'obtiennent par les procédés qui
ont été décrits au chapitre « Poirier », avec cette
différence pourtant : c'est que, dans toutes les
formes établies avec le pêcher, les branches charpentières sont constamment écartées à 50 centi-

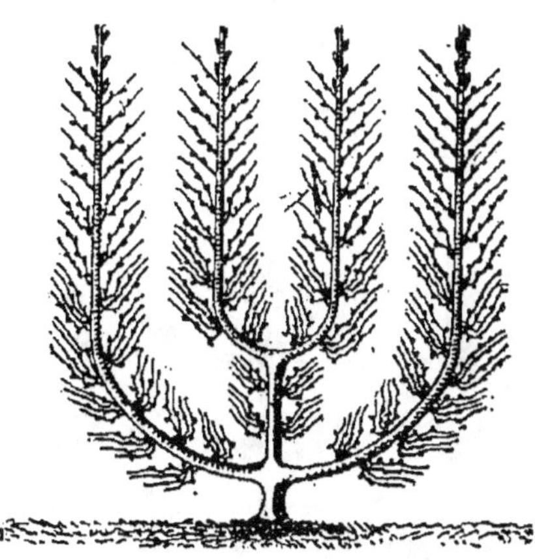

Fig. 103. — Palmette verticale à 4 branches.

mètres les unes des autres, tandis qu'avec le poirier
ces même branches ne sont séparées que par un
écartement de 30 centimètres.

Enfin, quand il s'agit d'un jeune pêcher nouvellement planté, le jardinier est tenu de tailler
dès la première année, quelle que soit, d'ailleurs,
l'époque de la plantation.

Une forme à symétrie bilatérale est particuliè-

rement propre à cet arbre : c'est le candélabre ;
il se compose d'une tige courte (35 centimètres)
terminée par deux branches charpentières bilatérales, lesquelles, maintenues d'abord horizontalement, sont, après un certain parcours, redressées
selon une ligne verticale. Sur la partie horizontale
de chacune de ces branches, et de 50 en 50 centimètres, il y a d'autres branches charpentières
également verticales (fig. 107). Comme dans toutes

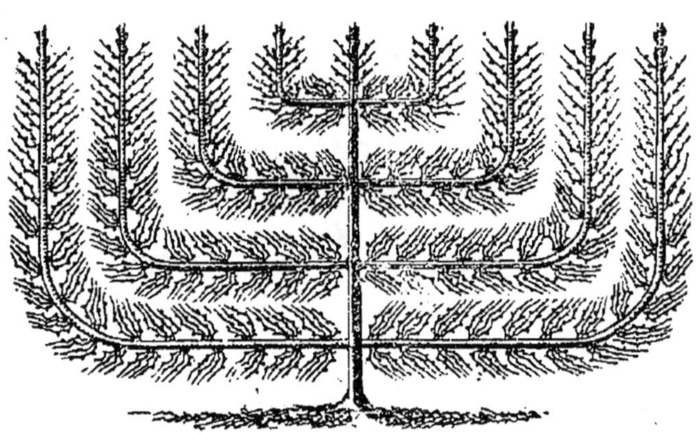

Fig. 104. — Palmette mixte ou Verrier.

les autres formes du pêcher, ces branches charpentières sont garnies de branches fruitières disposées dans un ordre particulier.

Le Candélabre (*sa formation*). — Le jeune

arbre (scion d'un an) avec lequel on désire former un candélabre est taillé à environ 35 centimètres du sol, au-dessus de deux yeux bilatéraux, l'un à droite, l'autre à gauche.

Ces deux yeux se développent en rameaux, qui sont l'origine des deux branches charpentières du candélabre; on les dirige d'abord obliquement, pour ne pas trop entraver leur croissance; la

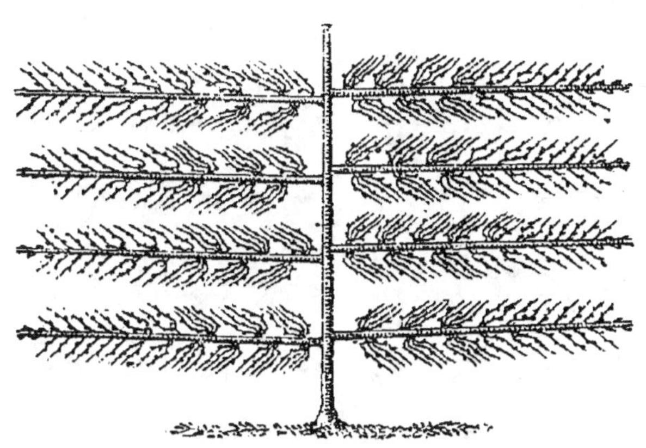

Fig. 105. — Palmette simple à branches horizontales.

seconde année, chacune de ces branches est raccourcie d'environ un tiers, de façon qu'une partie des yeux situés sur les deux tiers conservés produisent des branches fruitières, alors que l'œil de taille donnera un prolongement de chaque branche. Les branches sont rapprochées un peu plus de l'horizon. La troisième année, les prolongements nouveaux sont encore réduits d'environ un tiers et doivent donner d'autres prolongements et une nouvelle série de branches fruitières. Les branches charpentières sont abaissées davantage vers l'horizon, leur extrémité seule est dressée. Tous les ans, le prolongement de chaque branche charpentière principale sera traité ainsi jusqu'à ce

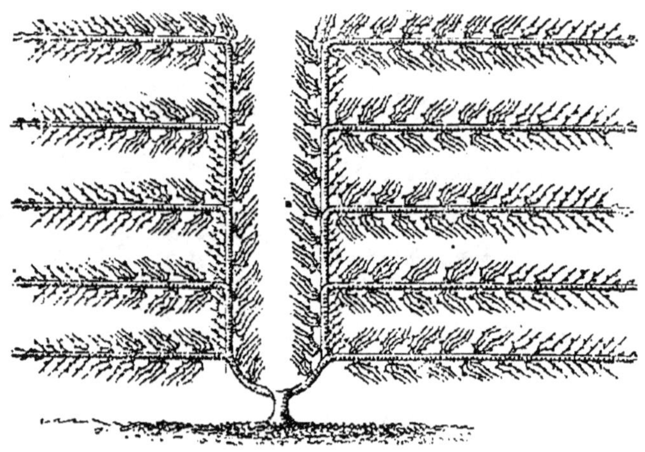

Fig. 106. — Palmette double à branches horizontales.

qu'elle ait atteint sa longueur totale représentée par la partie enveloppante de la forme (fig. 107). Quand le pêcher est arrivé à ce degré de développement, les branches intérieures sont prises, toutes ensemble si l'arbre est vigoureux, deux par deux (une sur chaque bras) quand il est d'une vigueur modérée. Dans ce cas, on prend d'abord les branches les plus éloignées de la tige, A, B, C (fig. 107).

Description et traitement des branches fruitières. — Nous venons de voir comment naissent les branches fruitières du pêcher : c'est à la suite

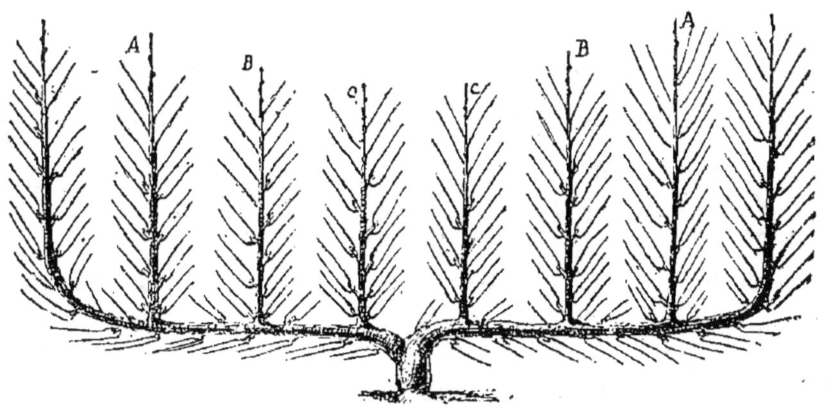

Fig. 107. — Pêcher. Forme en candélabre.

des tailles infligées chaque hiver aux prolongements annuels des branches charpentières de l'arbre. Mais dans le pêcher, comme dans la vigne, les branches fruitières occupent des positions spéciales. Lorsqu'on dirige l'arbre « à la Montreuil », — et c'est le meilleur mode qu'on puisse adopter, — ces branches fruitières sont bilatérales : à droite et à gauche des charpentières quand celles-ci sont verticales ; en dessus et en dessous quand les charpentières sont horizontales (fig. 104).

Ces branches, enfin, ont été choisies de telle sorte qu'elles aient entre elles et du même côté un écartement de 15 à 18 centimètres. Quand elles se sont développées bien franchement, le jardinier fixe leur longueur par un pincement fait à 30 centimètres environ de leur empattement, et il les palisse selon la disposition signalée tout à l'heure : « en arête de poisson », comme on dit. Mais toutes les branches destinées à la fructification ne se comportent pas ainsi et, en se basant sur leur aspect respectif, quand elles ont atteint l'âge d'un an, on peut les classer en :

1° BRANCHES STÉRILES.

2° BRANCHES FERTILES.

Les branches stériles sont le *gourmand* et le *rameau à bois.*

Le gourmand (fig. 108) est une pousse vigoureuse, un rameau puissant, portant d'autres rameaux développés par anticipation, et des yeux.

Les rameaux développés par anticipation, et qu'on appelle pour cela *rameaux anticipés,* sont rarement fertiles, mais enfin ils peuvent l'être ; dans ce dernier cas, on les assimile soit au rameau mixte, soit à la chiffonne, décrits un peu plus loin.

La longueur du gourmand varie de 40 à

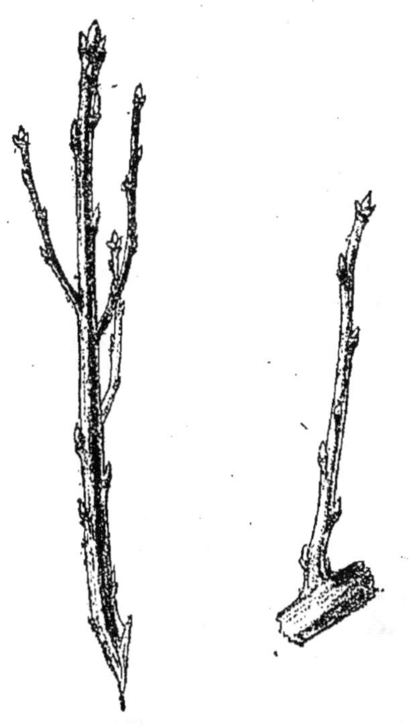

Fig. 108.   Fig. 109.
Gourmand.   Rameau à bois.

80 centimètres et au delà ; il n'est utile que sur les arbres âgés, dont il facilite la restauration quand on le substitue aux parties décrépites ou mortes.

Le rameau à bois est une sorte de gourmand de

moindre importance que le précédent. D'ailleurs,
il ne porte que des yeux (fig. 109).

Le gourmand peut toujours être évité par les
opérations de la taille estivale. Quant au rameau

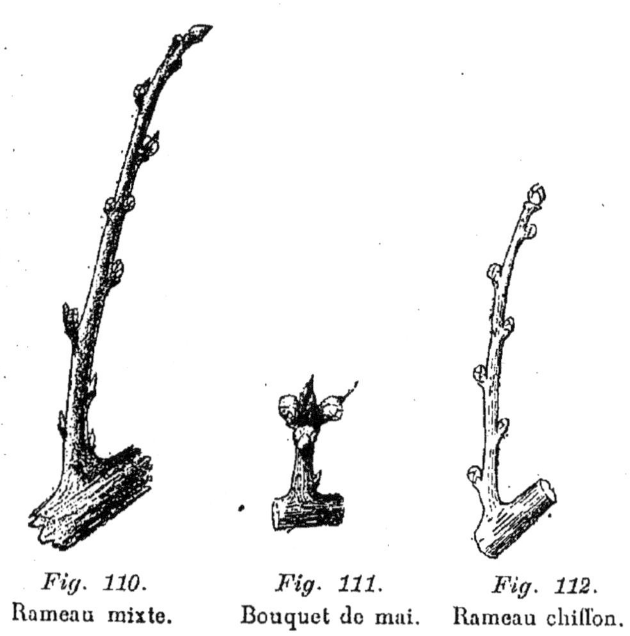

Fig. 110.   Fig. 111.   Fig. 112.
Rameau mixte.   Bouquet de mai.   Rameau chiffon.

à bois proprement dit, il ne dépend pas du jardinier de l'empêcher d'être, mais il peut, par un
traitement particulier, lui faire produire, l'année
suivante, une branche fertile.

Il y a trois branches fertiles; ce sont : le

rameau mixte, le *bouquet de mai* et le *rameau chiffon.*

Le rameau mixte est le rameau fertile par excellence ; il mesure 30 à 35 centimètres de long et porte des boutons à fleur ronds et des yeux à bois pointus. Les yeux à la base de la branche sont toujours solitaires ; plus haut, ils se trouvent généralement accouplés avec un ou deux boutons (fig. 110).

Le bouquet de mai présente, en effet, l'aspect d'un bouquet de boutons floraux groupés autour d'un œil terminal, le tout porté par un rameau court. Quelquefois, à la base de ce rameau, on distingue encore un ou deux yeux à bois (fig. 111).

Le *rameau chiffon* plus connu sous le nom de *chiffonne* naît surtout dans les parties mal éclairées de l'arbre ; il est long, grêle et garni de boutons floraux depuis la base jusqu'au sommet (fig. 112). Il est assez rare de rencontrer un rameau chiffon muni d'un œil à sa base. Dans le cas où cet œil existe, il augmente la valeur de la chiffonne.

En somme, c'est surtout le rameau mixte qui est la branche normale, la branche fruitière la plus commune sur le pêcher. Voyons comment nous allons traiter cette branche. Et d'abord, rappelons ce fait constant, on pourrait dire cette loi : *Les fleurs et, par conséquent, les fruits, n'apparaissent que sur le bois de l'année précédente.* Si l'on considère, en outre, que la branche fruitière a une longueur limitée, 20 à 25 centimètres environ, on est amené de suite à conclure que le pêcher ne peut demeurer fertile et régulier qu'autant que ses branches fruitières sont renouvelées chaque année après leur fructification. En effet : ces branches ne peuvent pas fructifier une seconde fois, puisqu'elles n'ont plus l'âge requis ; on ne peut pas non plus leur permettre de s'allonger d'une pousse nouvelle et jeune, parce qu'elles dépasseraient bientôt les limites qui leur sont assignées et empiéteraient sur l'espace réservé aux branches voisines.

La branche fruitière doit être remplacée, ceci ne fait aucun doute, et le jardinier prépare ainsi ce remplacement :

Soit le rameau mixte ou branche fruitière nouvelle (fig. 113) ; lors de la taille hivernale, le jardinier raccourcit ce rameau par une section

en T de manière qu'il conserve encore 20 à 22
centimètres et porte 5 à 6 boutons ; puis il palisse
dans la position indiquée (fig. 114).

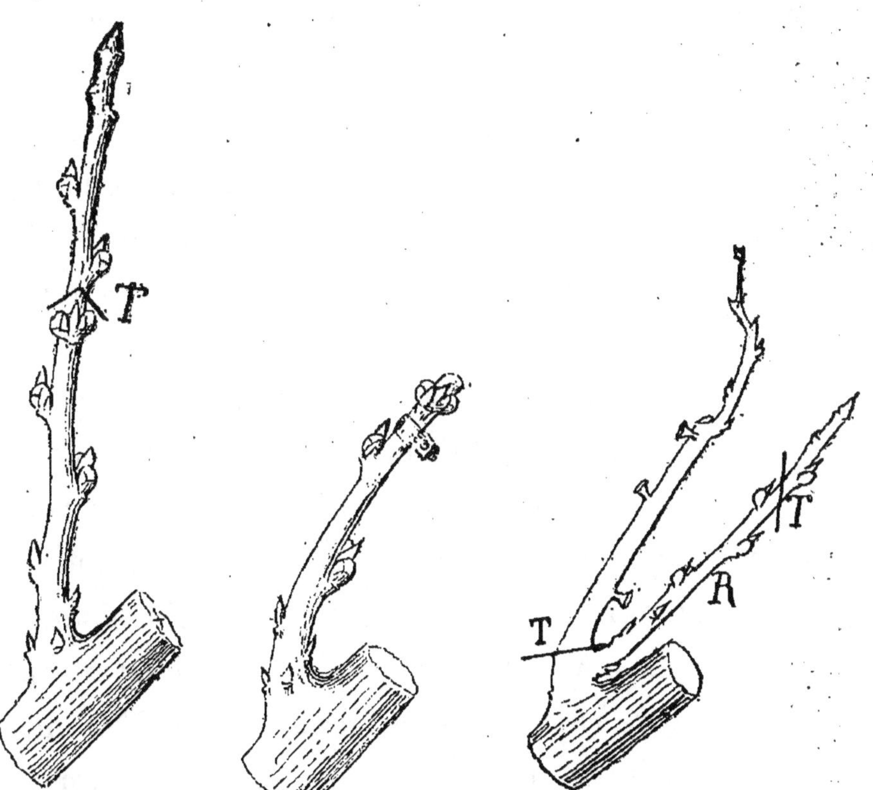

Fig. 113.
Branche fruitière
nouvelle. T, ligne de
taille.

Fig. 114. — La pré-
cédente branche après la
taille et le palissage.

Fig. 115. — Branche fruitière
ayant déjà fructifié. — R, rameau
remplaçant, TT, lignes de taille.

Pendant la végétation de cette branche ainsi
taillée et des autres semblables, deux objets doivent attirer l'attention : 1° le fruit que nous

sommes obligés de protéger pour assurer sa venue ; 2° les yeux de l'extrême base dont un au moins doit être transformé en rameau pour procurer ce que l'on appelle la *branche remplaçante*, la branche de la fructification prochaine.

Comment ces fruits sont-ils protégés en même temps que le remplacement de la branche actuelle est assuré ? C'est par la mise en œuvre des opérations de la taille d'été que nous étudions plus loin.

Aussi, en hiver, une branche fruitière de pêcher qui a déjà fructifié doit-elle présenter un aspect tout à fait particulier (fig. 115) ; elle est formée de sa portion âgée couronnée par un rameau court, aux formes tourmentées par les pincements qu'il a reçus. A la base de cette portion âgée, on voit un autre rameau jeune, long de 0 m. 25 cent. environ, celui-là, portant des yeux et des boutons. Sur une branche semblable, la taille hivernale est simple ; elle consiste à supprimer la partie âgée au-dessus du rameau de base. Et ensuite ? Ensuite on tombe dans le cas des branches fruitières nouvelles : le rameau de base, ou rameau remplaçant, est réduit à une longueur de 22 à 25 centimètres, puis palissé. Si l'on y veille, il produira lui aussi des fruits et un autre remplaçant qui prendra sa place dans un an, et ainsi de suite.

Si, au lieu d'un seul, la branche porte à sa base deux rameaux remplaçants, l'un d'eux est taillé court, au-dessus de deux yeux destinés à la production d'autres rameaux ; l'autre, le plus éloigné, est taillé long, dans le but de la fructification. C'est la taille au crochet.

Ainsi, les deux objets qui doivent sans cesse préoccuper le cultivateur de pêcher en espalier sont donc d'abord la *fructification immédiate de la branche* et, ensuite, *son renouvellement pour les fructifications futures.*

Le rameau à bois proprement dit et le rameau anticipé, lorsqu'ils occupent la place de branches fruitières, sont traités de la même manière que celles-ci ; on peut cependant les tailler plus court, puisqu'ils ne portent point de boutons floraux. L'important est de faire naître à leur base un ou deux rameaux qui assureront leur renouvellement. Il y a bien des chances pour que ces rameaux soient fertiles, surtout si on en a modéré le développement.

On ne taille pas le bouquet de mai (fig. 111), qui produit les pêches les plus belles, mais, quand il occupe la place d'une branche fruitière normale, il est nécessaire de lui faire produire aussi un rameau remplaçant. En pinçant le rameau issu de l'œil terminal et en réglant la production à un seul fruit, on arrive généralement à faire développer ce remplaçant que procure l'un des yeux de base.

La chiffonne (fig. 112) n'est pas un rameau fruitier bien brillant, on la conserve à défaut de mieux, après l'avoir raccourcie de quelques centimètres. Quand elle porte un œil à sa base et qu'elle occupe la place d'une branche fruitière normale, il faut tailler très court pour que cet œil puisse se développer en rameau remplaçant.

La taille hivernale telle qu'elle vient d'être décrite nous a laissé entrevoir le but, c'est-à-dire le fruit et le renouvellement de la branche fruitière ; la description des opérations de la taille d'été va nous montrer comment on atteint ce but.

Taille estivale appliquée au pêcher. — Entaille. — L'entaille la plus généralement adoptée dans la culture du pêcher est l'entaille simple transversale, faite soit au-dessus des yeux et des branches pour en hâter la végétation, soit au-dessous pour en modérer la pousse.

Ces temps derniers, M. Chevallier, arboriculteur à Montreuil, recommanda beaucoup l'entaille à talon (fig. 116) appliquée à la base de la branche fruitière pour favoriser le développement de son rameau remplaçant.

On maintient cette entaille ouverte à l'aide d'un corps étranger placé dans la plaie. Tous les arboriculteurs ne partagent pas l'optimisme de M. Chevallier sur les mérites de l'entaille à talon.

Ébourgeonnement. — L'ébourgeonnement a une très grande importance, il porte sur les branches fruitières proprement dites et sur les prolongements des branches charpentières.

Sur les branches fruitières il consiste à supprimer tout ou partie des jeunes pousses comprises entre celle qui termine la branche et les deux yeux de sa base. Généralement, à la suite de cette opération, ces yeux se développent aussi ; c'est d'ailleurs le résultat que l'on désirait produire. Chaque fois qu'une pousse accompagne un fruit, elle est réservée (fig. 118).

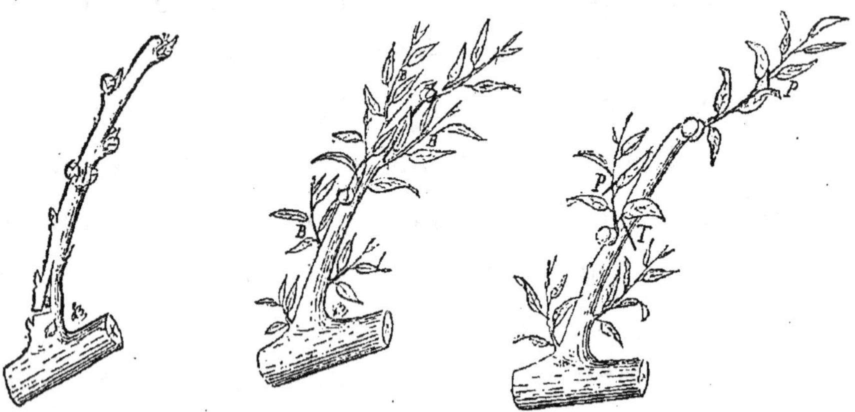

Fig. 116.
Entaille à talon

Fig. 117. — Ebourgeonnement d'une branche fruitière. Les bourgeons BBB sont enlevés.

Fig. 118. — Pincement d'une branche fruitière ébourgeonnée. Les bourgeons supérieurs sont pincés en P. Si les bourgeons de base se développent encore trop lentement, on taille en vert au point T.

Sur les prolongements des charpentières, l'on fait d'abord un choix de pousses qui devront donner des branches fruitières nouvelles. Ces pousses disposées bilatéralement sont espacées, du même côté, à 15 ou 18 centimètres les unes des autres. Entre elles, les autres productions sont enlevées, ébourgeonnées.

Pincement. — Après l'ébourgeonnement, il reste sur chaque branche fruitière une pousse terminale, une ou deux pousses basifurges qui s'allongent lentement et environ 1 ou 2 pousses intermédiaires qui accompagnent chacune un fruit (fig. 118).

Si on laissait ces pousses intermédiaires et la pousse terminale croître librement, le sommet végétatif de la branche à fruit finirait bientôt par s'éloigner tellement de la base que les rameaux remplaçants, qui naissent à peine, ne pourraient point achever leur développement. Le pincement a pour but d'empêcher cet écartement trop considérable du sommet végétatif. On pincera les pousses terminales et intermédiaires de chaque branche fruitière à 2, 3, 4 ou 5 feuilles selon que les jeunes pousses de la base auront un développement faible, moyen ou fort. (PP fig. 118).

Quant aux jeunes pousses (bourgeons des jardiniers) réservés sur les prolongements des charpentières, pousses destinées à procurer des branches fruitières nouvelles, elles sont pincées uniformément à 30 ou 35 centimètres de long et si ces yeux de pincement se développent en prompts bourgeons, on les pince uniformément aussi à une ou deux feuilles.

Courbure. — La courbure ne diffère pas dans son application de ce qu'elle est quand on l'applique aux autres arbres ; elle a d'ailleurs le même but partout, celui de faire parcourir aux branches charpentières du sujet les lignes courbes d'une forme préconçue.

Taille en vert. — La taille en vert s'applique exclusivement aux branches fruitières dont les rameaux remplaçants ne se développent pas, ou pas assez ; elle consiste à rapprocher le sommet végétatif de ces sortes de rameaux au moyen d'une section faite sur le bois de l'année précédente, au-dessus d'un fruit qu'on voudrait conserver, ou des rameaux remplaçants eux-mêmes, pour hâter encore davantage leur croissance (Voir fig. 118).

Palissage en vert. — Le palissage se fait progressivement en un certain nombre de fois.

Dans la première partie de ce volume, parlant du palissage en général, nous avons dit que cette opération a pour but de fixer les branches dans une position voulue, soit au moyen de liens, soit à l'aide de loques et de clous.

On a trouvé pour le palissage des branches fruitières du pêcher un autre système qu'on appelle *palissage au taquet*. Ici, deux branches charpentières sont séparées par une baguette parallèle sur laquelle, de 15 en 15 centimètres, se trouvent fixés par le milieu, et au moyen d'un clou rivé, des taquets ; chaque taquet pivotant autour de son clou, il est facile de passer les branches fruitières derrière, et elles sont naturellement palissées quand les taquets se trouvent ramenés dans la position perpendiculaire à la baguette.

Généralement, ce sont les pousses destinées à produire les branches fruitières nouvelles, sur les prolongements des charpentières, qui sont palissées d'abord. Toutefois, même parmi ces jeunes rameaux, si quelques-uns paraissent faibles, laissez-les libres, ils croîtront mieux.

Les rameaux remplaçants des branches fruitières, plus tardifs dans leur élongation, sont palissés plus tard, quand ils mesurent de 20 à 25 centimètres.

Le jardinier dispose les branches fruitières bilatéralement, sur les côtés des charpentières, comme sont disposées les arêtes d'un poisson par rapport à leurs vertèbres. Pour éviter les difficultés, il commence toujours l'opération par le sommet ou les extrémités de l'arbre, et fait en sorte que les rameaux ne se recouvrent pas les uns les autres.

Les nouveaux prolongements des charpentières seront palissés aussi dans la direction qu'ils doivent suivre, peu ou très sévèrement selon que l'on veut plus ou moins accélérer leur élongation.

Eclaircie des fruits. — Règle générale, il ne doit pas être conservé plus d'une pêche par branche fruitière ; ce qui fait en moyenne dix fruits par mètre linéaire de charpente. Au-dessus de cette quantité les fruits sont enlevés ; mais il ne faut procéder à cette éclaircie que quand le noyau de la pêche est formé, car ce travail de l'arbre entraîne la chute naturelle d'un certain nombre de pêches.

Pour s'en rendre compte, il suffit de couper un fruit en deux.

Effeuillage. — L'effeuillage ou suppression de certaines feuilles sur le pêcher est indispensable à la beauté, à la coloration parfaite des fruits.

L'opération se fera progressivement, ne s'appliquant d'abord qu'aux feuilles éloignées des fruits et plaquées contre le mur.

Les feuilles voisines des fruits ne s'enlèveront que quand ceux-ci auront atteint toute leur croissance. Mieux vaut opérer le soir ou par un temps nuageux qu'en plein soleil.

Il arrive parfois que les feuilles qui masquent une pêche appartiennent au rameau remplaçant de la branche porte-fruit ; dans ce cas ces feuilles doivent être seulement déplacées ; leur enlèvement nuirait à la formation des boutons fruitiers sur ce rameau.

Récolte. — La récolte des pêches se fait quand elles sont mûres, et on reconnaît leur maturité quand l'épiderme, dans la partie du fruit qui n'est pas insolée, présente une teinte jaune ou jaunâtre. C'est toujours le matin, de préférence quand l'humidité de l'air a disparu, que l'on cueille ces fruits. Si les pêches doivent voyager, il est avantageux de les récolter un peu — 4 ou 5 jours — avant leur maturité parfaite, elles supportent mieux le transport. La main qui saisit la pêche pour la cueillir doit se mouler dessus et, sans trop la presser, lui imprimer un léger mouvement de torsion sur elle-même pour la détacher du pédoncule qui reste à l'arbre.

Avant d'être vendues ou servies, les pêches duveteuses sont doucement essuyées à l'aide d'une brosse molle qui, enlevant la poussière et l'excès de duvet, fait prendre au fruit un aspect plus frais et plus vivement coloré. Les pêches expédiées au loin sont brossées par ceux qui les reçoivent.

Pendant le brossage, le duvet voltigeant dans l'air et causant à la peau de cuisantes démangeaisons, on fera bien, pour l'empêcher de pénétrer, de se mettre un foulard autour du cou et de se bien serrer les manches des habits autour des poignets.

MALADIES ET ANIMAUX NUISIBLES

Maladies. — *La gomme* est, sur certains points internes de l'arbre, la transformation de la sève en un liquide sirupeux, gommeux qui s'épanche à l'extérieur, se solidifie, jaunit légèrement et.rappelle alors la gomme arabique.

Pour éviter le mal, il est utile de ne point cultiver le pêcher dans les terres trop argileuses, trop humides, il faut encore ne point faire de

Fig. 119. — Feuille de Pêcher atteinte de la cloque.

tailles, de pincements trop sévères, de meurtrissures, ni d'amputations trop considérables.

Quand le mal est déclaré, l'on doit, sur le point où se produit l'excudation, enlever tout ce qui est gâté, puis recouvrir la plaie de cire à greffer.

Quelques praticiens recommandent de frotter

vigoureusement la plaie avec un tampon de feuilles d'oseille, avant d'appliquer la cire à greffer.

La *Cloque* est cette maladie cryptogamique, qui, au printemps, se développe sur les feuilles et produit cette difformité, ce recoquevillement des limbes (fig. 119) que tout jardinier a pu constater. Les pêchers abrités des intempéries par des chaperons, des auvents ou des toiles, sont peu ou pas atteints. Quand le mal commence à paraître, il faut enlever les feuilles cloquées pour empêcher sa propagation. Si la cloque est générale, on projette sur l'arbre une forte ablution d'eau cuivreuse au 0,003 et chaque jour suivant, pendant deux semaines, il est donné le matin une ablution à l'eau pure.

Le *Blanc* des racines est un autre champignon que l'on n'a pas encore pu détruire ; il est fort rare heureusement.

Animaux nuisibles. — Les insectes sont les principaux ennemis du pêcher.

Cependant, il importe aussi de signaler un rongeur, le *loir*, qui fait sur nos espaliers des dégâts considérables. On lui tendra des pièges.

Les *Pucerons* du pêcher n'ont pas d'autres mœurs que les pucerons déjà étudiés, on les détruit par les procédés décrits au chapitre poirier.

Le *Kermès* du pêcher est à cet arbre ce qu'est le kermès du poirier au poirier. En hiver, on frottera les écorces à l'aide d'une brosse de chiendent, puis on les badigeonnera avec un insecticide composé d'un litre d'eau et de 100 grammes de savon noir.

La *Grise* est un petit arachnide : *l'acarien tisserand du pêcher*, qui vit sur la face inférieure des feuilles chez lesquelles il provoque une sorte de chlorose. Cet acarien peut devenir dangereux s'il se multiplie trop ; on le combat par les fumigations et les ablutions souvent répétées.

Art. II. — Le Prunier

Partie comestible : PORTION EXTÉRIEURE DU PÉRICARPE

Description. Historique. — Le prunier est un arbre voisin du pêcher ; il atteint 4 mètres de haut en moyenne ; ses feuilles caduques, ovales, dentées, sont courtement pétiolées ; ses fleurs blanches s'ouvrent quand l'arbre n'a point encore de feuilles ; ses fruits, drupes à peau glabre mais recouverte d'une couche excessivement mince de *cuticule* (sorte de matière cireuse), ont un noyau dur et un *mésocarpe*[1] charnu, succulent, sucré, comestible.

Le prunier, d'après M. de Candolle, serait originaire de Perse, du midi de l'Anatolie ou du Caucase. Son introduction en France remonte fort loin de nous.

Espèce, Variétés. — L'espèce de prunier cultivée est le *prunier domestique* (*prunus domestica* (fig. 118) des botanistes) ; il a produit un assez grand nombre de variétés.

Les fruits de ces variétés ont été classés en prunes à couteau, prunes à confire ou à confitures et prunes à pruneaux.

---

1. Le mésocarpe des fruits charnus en est la couche intermédiaire ; les deux autres, l'externe et l'interne, s'appellent l'épicarpe et l'endocarpe.

PRUNES A COUTEAU

A. — *Précoces*

Pêche. — Fruit très gros, bon. Maturité :
Juillet, Août. Culture : au verger en haute tige
et au jardin sous forme de vase.

Fig. 120. — Branche fleurie du Prunier domestique.

Bleue de Belgique. — Fruit moyen, bon.
Maturité : Août. Culture : au verger.

De Montfort. — Fruit assez gros, très bon. Maturité : milieu d'Août. Culture : haute tige, vase.

B. — *Demi-précoces*

Reine Claude ou Reine Claude dorée. — Fruit assez gros, très bon. Maturité : fin Août et Septembre. Culture : haute tige et espalier.

Reine Claude violette. — Fruit moyen. Maturité : Septembre. Culture : haute tige.

C. — *Tardives*

Goutte d'or de Coë. — Fruit gros, ovoïde, très bon. Maturité : fin Septembre et Octobre. Culture : haute tige.

Reine Claude de Bavay. — Fruit gros, bon. Maturité : Octobre. Culture : vase et haute tige.

PRUNES A CONFIRE

Avec les prunes précédentes que l'on utilise souvent pour préparer les confitures, on emploie aussi et tout particulièrement les variétés suivantes :

Mirabelle petite.—Fruit rond, petit ou très petit,

très bon. Maturité : Août. Culture : vase ou haute tige.

Mirabelle grosse. — Fruit petit, très bon. Maturité : Septembre. Culture : haute tige.

PRUNES A PRUNEAU

Quetsche d'Allemagne. — Fruit moyen, ovoïde, bon. Maturité : Septembre. Culture : haute tige.

Sainte Catherine. — Fruit moyen, bon. Maturité : Septembre. Culture : haute tige.

Les prunes Goutte d'or et Reine Claude violette s'emploient aussi pour la préparation des pruneaux.

CULTURE

Conditions de milieu. — Sauf dans les terres argileuses à humidité stagnante, le prunier vient partout. Quant au climat, cet arbre paraît encore moins exigeant : il est cultivé également dans le midi, le centre et le nord de la France. Pourtant, à cause de sa floraison précoce, le prunier est souvent stérilisé par les gelées blanches, surtout quand il est planté en plein air et aux expositions du levant. Cette exposition sera donc évitée ainsi que les vallées étroites et profondes.

Multiplication. — Le semis, la séparation des drageons et le greffage, voici les trois procédés employés pour multiplier le prunier.

Le semis, en tant que moyen de reproduction exacte, devrait être condamné, car il n'est pas possible que certaines variétés : Damas, Mirabelle, Quetsche, Reine Claude, puissent se reproduire identiquement par ce procédé. Pour prouver ce que nous avançons, il suffit de rappeler le nombre infini de mauvaises Reines Claudes qui encombrent les marchés et proviennent toutes de pruniers francs, de pruniers issus de semis.

Les drageons ne procurent pas non plus d'excellents sujets, ils ont une tendance à drageonner qui les épuise.

On aura donc surtout recours au greffage. Le prunier ne se greffe que sur lui-même ; les variétés Saint-Julien et Myrobolan servent de sujet, la dernière spécialement pour la culture en sol calcaire.

Le greffage a lieu en écusson de fin Juillet au

15 Août, ou en fente au printemps : Mars, Avril et en automne : fin Septembre.

Quand certaines variétés sont trop faibles pour former des tiges hautes et droites, elles sont sur-greffées, c'est-à-dire que le sujet est greffé d'abord rez-terre avec un prunier vigoureux : Ste-Catherine ou Reine Claude de Bavay, lequel sera greffé plus tard « en tête » avec la variété désirée.

Plantation. — Selon qu'il est cultivé au verger ou au jardin fruitier, selon la forme qu'il aura par la suite, le prunier se plante aux distances suivantes :

Au verger :

Haute tige. . . . .   5 à 6 mètres

Au jardin fruitier ;

Vase ou pyramide. . . . . .   4 à 5 mètres
Palmette à branches horizontales.   5 mètres
—   *verticale à 3 branches*. .   0 m. 90
—   —   *à* 4   —   1 m. 20

Obtention des formes : taille. — Le plus géné-ralement, c'est au verger qu'est cultivé le prunier, et dans ce cas on ne le taille que pendant les premières années, dans le but d'évider la ramure pour faciliter la pénétration de l'air et de la lumière au centre.

Quand l'arbre est planté au jardin fruitier, on en forme le plus généralement un vase et, alors, on use des procédés décrits relativement à cette forme dans le chapitre sur le poirier (page 161).

En espalier, au nord, au nord-ouest, on cultive quelquefois le prunier sous forme de palmettes diverses. Ces palmettes s'obtiennent par les procédés déjà décrits et les branches charpentières doivent avoir entre elles un écartement constant de 30 centimètres.

Les branches fruitières sont espacées à environ 10 ou 12 centimètres entre elles; elles naissent sur les prolongements annuels des branches charpentières à la suite des tailles successives infligées à ces prolongements.

Dès leur première année, ces branches fruitières sont pincées à 12 ou à 15 centimètres, au-dessus de 5 ou 6 feuilles.

Si l'œil de pincement se développe, sa pousse anticipée est coupée à une feuille. L'hiver suivant cette jeune branche est réduite à 8 ou 10 centimètres de long et, en été, le rameau herbacé issu de l'œil de taille est pincé à 2 ou 3 feuilles. De ces pincements et de ces tailles, il résulte que les yeux de la partie intermédiaire du rameau se tranforment en bouquets de mai, organes fertiles au-dessus desquels on taillera la troisième année pour avoir du fruit.

Durant cette troisième année, chaque pousse herbacée qui accompagne les bouquets de mai sera pincée court pour que les yeux d'extrême base puissent donner au moins un rameau remplaçant qu'on substituera plus tard à la vieille branche fructifère.

MALADIES ET INSECTES NUISIBLES

Maladies. — La gomme, le blanc des racines, la chlorose, maladies décrites dans le chapitre précédent, attaquent aussi le prunier.

Insectes parasites. — Nous ne reparlerons pas du bombyx livrée, du puceron, que l'on trouve à peu près sur tous nos arbres fruitiers.

Les parasites particuliers au prunier sont surtout :

La *Pyrale des pruniers,* dont la chenille, en mai, dévore les feuilles de cet arbre et les lie en paquet. En août apparaît une seconde génération de larves. On coupera et brûlera les paquets de feuilles.

La *Pyrale de Weber,* autre papillon dont les larves creusent des galeries sous les écorces.

Le *Carpocapse des prunes.* Ce papillon pond dans les fruits qui, par la suite, deviennent les « fruits véreux ». Il faudra ramasser ces fruits et les détruire ou, si la quantité en est considérable, les traiter pour la préparation de l'alcool.

L'*Yponomeute du prunier* est aussi un papillon ; ses larves vivent en compagnie et s'abritent ensemble dans des nids soyeux. Coupez les nids et brûlez-les.

Art. III. — **L'Abricotier**

Partie comestible : PORTION EXTÉRIEURE DU PÉRICARPE

Description, Historique. — L'abricotier est un arbre dont les botanistes modernes ne font point un genre spécial ; pour eux [1] l'abricotier,

1. Baillon. *Dictionnaire de botanique.*

ainsi que le pêcher et le cerisier, n'est qu'une espèce différente du genre prunier.

Ce caractère d'origine à part, c'est un arbre de troisième grandeur, à feuilles cordiformes, dentées, à pétiole glanduleux, à fleurs solitaires, à fruit duveteux généralement coloré en jaune orangé, et marqué d'un sillon unilatéral.

On n'est pas très certain de l'origine exacte de l'abricotier ; on sait cependant qu'il croît depuis longtemps à l'état spontané en Perse, en Arménie et en Egypte. L'introduction de cet arbre remonte au XV⁵ siècle.

Espèce. Variétés. — Une seule espèce d'abricotier est cultivée, c'est l'abricotier commun (*Prunus Armeniaca*) ; elle a produit un certain nombre de variétés dont les époques de maturité du fruit diffèrent trop peu pour qu'il soit utile de les classer en variétés précoces, demi-précoces et tardives.

Voici les plus recherchées :

Abricot commun. — Fruit assez gros, très bon. Maturité : juillet, août. Culture : haute tige ou espalier.

A. *de Hollande.* — Fruit petit, très bon, amande douce. Maturité : août. Culture : haute tige.

A. *de Jouy.* — Fruit assez gros, très bon. Maturité : août. Culture : plein vent.

A. *Royal.* — Fruit gros, bon. Maturité : août. Culture : haute tige ou espalier.

A. *de Nancy.* — Fruit gros, très bon. Maturité : fin août. Culture : plein vent ou espalier.

CULTURE

Conditions de milieu. — Nous pourrions écrire ici, à peu près en toutes lettres, ce que nous avons écrit sur le même sujet en parlant du prunier, et cette analogie nous prouverait davantage, s'il en était besoin, le degré de proche parenté qu'il y a entre ces deux arbres.

Quant au climat, on ne peut dire que l'abricotier au nord de Paris se comporte bien en plein vent, ici la culture d'espalier s'impose; cependant on a vu, dans les environs immédiats de Paris, sur des coteaux bien exposés : au midi, au sud-ouest, à l'ouest, l'abricotier fleurir et fructifier assez bien.

Tous les sols sains, même calcaires ou caillouteux ou sablonneux, sont propres à cet arbre.

Nous allons voir, en parlant du mode de multiplication, que l'abricotier peut se cultiver, grâce au greffage, dans plusieurs variétés de terres.

Multiplication. — C'est par le semis de ses noyaux et le greffage que l'abricotier se multiplie. Seules, les variétés Alberge et de Hollande passent pour se reproduire identiquement par le premier de ces procédés ; cependant, pour des raisons déjà exposées, nous blâmons le semis en tant que procédé réservé à la production immédiate des fruits.

Au contraire, les semis destinés à produire des sujets pour la greffe, ou de nouvelles variétés, doivent être encouragés.

Le procédé usité pour greffer est l'écussonnage à œil dormant pratiqué en juillet et août.

On écussonne sur amandier ou sur abricotier quand les sujets doivent être plantés dans un terrain sec. Pour planter un jardin dont le sol serait frais sans être humide, cependant, l'abricotier greffé sur prunier *Saint-Julien* ou *Sainte-Catherine* conviendrait mieux.

Plantation. — L'abricotier est avant tout un arbre de verger, un arbre dont les branches, lorsqu'elles sont taillées, dirigées en espalier, se gâtent souvent, atteintes de « gomme », tandis que les fruits n'acquièrent pas tout l'arome de ceux venus sur les arbres libres, poussés en plein air, à tous les vents.

Donc, dans le midi, le centre de la France et sous le climat de Paris en des situations abritées, c'est ainsi qu'on cultivera cet arbre. D'ailleurs, pour éviter l'action mortelle des gelées tardives sur leurs fleurs trop précoces, on pourrait faire comme certains cultivateurs des environs de Paris : suspendre dans les arbres des corps légers mais opaques : papiers, pailles, capables d'intercepter une partie des rayons du soleil levant qui, généralement, font tout le mal lorsqu'ils surviennent après une gelée.

On a, pour planter l'abricotier en espalier, le choix entre toutes les expositions, sauf le nord cependant.

Voici les distances auxquelles on plante les arbres selon qu'ils doivent, par la suite, avoir telle ou telle forme :

Au verger :

Haute tige. . . . . 5 à 6 mètres.

En espalier :

Palmette à 2 branches verticales . 0 m. 60.
    —   *à 3*   —   —   . 0 m. 90.

ainsi de suite en augmentant de 30 centimètres par branche supplémentaire.

Obtention des formes: taille. — Les formes s'obtiennent par les procédés usités avec les autres essences, et l'abricotier, comme le prunier, comme le pêcher, comme tous les arbres fruitiers à noyaux, se taille la première année.

Quant à la branche fruitière de cet arbre, elle est traitée de la même manière que la branche fruitière du pêcher, sauf le palissage.

Voici pourquoi : sur l'abricotier le fruit, de même que sur le pêcher, est produit par le bois d'un an ; cela est la raison qui implique un traitement identique de part et d'autre. Mais les branches fruitières d'abricotier sont plus solides, plus ramassées, plus fortes ; sur elles, les organes fructifères ne sont pas autant espacés; il est donc inutile de les palisser. On devra faire en sorte qu'elles soient écartées de 15 centimètres environ les unes des autres, et d'une longueur à peu près égale, ce qu'il sera facile d'obtenir par la taille. En outre, chaque branche âgée d'un an et fructifiant subira, comme il est dit au chapitre *Traitement estival du pêcher,* les ébourgeonnements, et pincements qui doivent provoquer la production d'une branche remplaçante à sa base.

L'effeuillage aussi sera pratiqué avec soin (Voir la description de cette opération horticole dans la première partie, ou au chapitre *Pêcher*).

MALADIES ET INSECTES NUISIBLES

Maladies. — L'abricotier, lui aussi, est sujet à la gomme, comme le pêcher. (Voir ce chapitre.)

Insectes nuisibles. — Le *Bombyx livrée,* la *Pyrale de Weber* se rencontrent parfois sur les abricotiers, où ils causent les dégâts décrits relativement à la culture des autres arbres : pêcher, prunier.

La *Pyrale contaminée* a les mœurs de la pyrale du prunier ; ses larves, vers le mois de mai, rongent les feuilles qu'elles roulent en paquets. On coupera ces paquets de feuilles pour les brûler.

Art. IV. — Le Cerisier

Partie comestible : PORTION EXTÉRIEURE DU PÉRICARPE

Description. Historique. — Le cerisier forme aussi, comme nous l'avons dit, une section du

Fig. 121. — Ombelle simple et pauciflore du Cerisier à fruit acide.

genre prunier. C'est le prunier cerisier (*Prunus cerasus*) des botanistes. Il atteint de 4 à 8 mètres, selon les espèces ; les feuilles sont caduques, lancéolées, dentées ; elles apparaissent après les

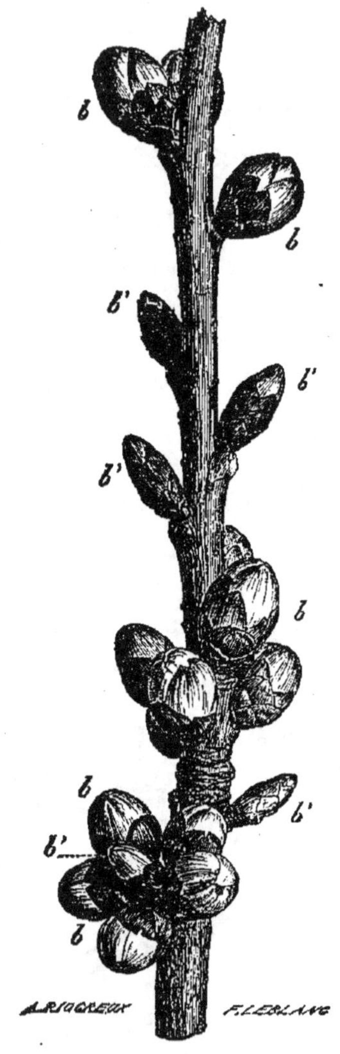

Fig. 122. — Branche de Cerisier munie de boutons à fruit *b* et de bourgeons à bois *b'*.

fleurs ou pendant la floraison. Les fleurs sont blanches, solitaires ou groupées en ombelles (fig. 121 et 122). Les fruits sont de petites drupes rondes, charnues, à épicarpe glabre, rouge, jaune ou blanc, selon les variétés, à noyau lisse (fig. 123).

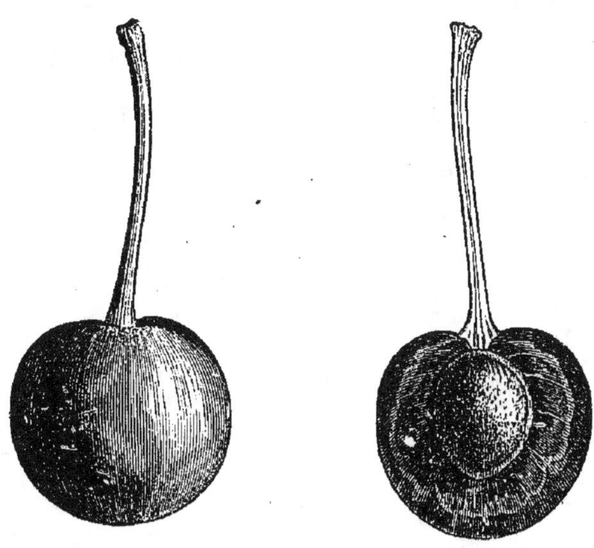

Fig. 123. — Cerisier. Fruit entier et fruit coupé longitudinalement.

L'origine de cet arbre est incertaine, comme celle de toute plante dont la culture remonte à l'antiquité la plus lointaine. M. de Saporta considère une espèce, le *merisier*, comme faisant partie du domaine forestier méditerranéen. Faut-il conclure l'indigénat français ? Nous ne savons.

Espèces et Variétés. — Les nombreuses variétés de cerisiers cultivées pour leur fruit sont issues de deux espèces botaniques : le cerisier des oiseaux ou merisier (*Prunus avium*) et le cerisier proprement dit (*Prunus cerasus*).

Les horticulteurs ont établi une classification de toutes les variétés de ces deux espèces ; elle est basée sur la qualité de la chair des fruits. Voici cette classification :

1° *Cerisiers :* fruits à chair molle, acidulée.

2° *Guigniers :* fruits à chair molle, fade, légèrement sucrée.

3° *Bigarreautiers :* fruits à chair croquante, sucrée et douce.

4° *Griottiers :* fruits à chair astringente, aigrelette.

Dans chacune de ces 4 classes, on apprécie surtout les variétés suivantes :

CERISIERS

Anglaise hâtive. — Fruit moyen, très bon, Maturité : courant de juin. Culture : surtout en espalier.

Royale. — Fruit gros, très bon. Maturité :

commencement de juillet. Culture : Espalier, basse tige.

Belle de Chatenay. — Fruit gros, bon. Maturité : fin juillet. Culture : haute tige et espalier.

De Montmorency. — Fruit assez gros, bon. Maturité : commencement de juillet.

BIGARREAUTIERS

Elton. — Fruit assez gros, bon. Maturité : juin. Culture : haute tige.

Gros Bigarreau. — Fruit gros, très bon. Maturité : juillet. Culture : haute tige.

Bigarreau Cœur. — Fruit gros, bon. Maturité : commencement de juillet. Culture : haute tige.

GRIOTTIERS

Griotte du Nord. — Fruit assez gros, bon pour la préparation des cerises à l'eau-de-vie. Maturité : juillet, août.

GUIGNIERS

Guigne Garcine. — Fruit assez gros, très bon. Maturité : fin juin. Culture : haute tige.

Guigne noire de Cobourg. — Fruit moyen, bon. Maturité : fin juillet. Culture : haute tige.

Les cerises proprement dites, c'est-à-dire les fruits de cerisiers, sont de beaucoup préférables aux guignes et aux bigarreaux. D'ailleurs, les cerises peuvent se conserver assez longtemps sur l'arbre et il n'est pas rare d'en voir encore au mois de septembre quand les pierrots ne sont pas intervenus. En espalier, cette conservation est facile par l'emploi de toiles tendues devant les arbres.

CULTURE

Conditions de milieu. — Relativement au terrain, aux expositions, nous pourrions répéter ce qui a été dit du prunier et de l'abricotier; cependant, et c'est là un fait important, le cerisier planté en espalier à l'exposition du Nord donne d'excellents résultats; ses fruits y sont bons et s'y gardent longtemps; nous recommandons cette culture, elle permettra d'utiliser ces faces froides des murs pour lesquelles il serait difficile de trouver un meilleur emploi.

Multiplication. — Le greffage est surtout le mode adopté pour multiplier le cerisier.

On greffe en fente pendant avril et sur *merisier haute tige*, si l'arbre est destiné à être cultivé au verger, dans un terrain fort. Quand le cerisier doit se cultiver au jardin fruitier, en espalier ou sous toute autre forme à basse tige, il est écussonné rez-terre à œil dormant, en septembre et sur *Sainte-Lucie*. Dans un terrain très sec, c'est encore le cerisier greffé sur Sainte-Lucie qu'il faut préférer. L'écussonnage à œil dormant peut aussi être usité avec le premier sujet (merisier), il est même préférable au greffage en fente, quant à la santé de l'arbre, du moins.

Plantation. — Le cerisier s'accommode surtout de la culture au verger ; cependant certaines variétés : *Anglaise hâtive, Royale, Belle de Châtenay,* donnent d'excellents produits lorsqu'elles sont dirigées en espalier. Selon les formes à eux destinées, les cerisiers se plantent aux distances suivantes :

Au verger :

Haute tige........................ **6 m.**

Au jardin fruitier :

Basse-tige, pyramide............ 4 m.
Palmette à branches horizontales.. 5 m.
Palmette à 2 branches verticales . 0 m. 60
—   3   —   .. 0 m. 90

(Voir, première partie, les notions générales sur la plantation.)

Obtention des formes: taille. — Les formes auxquelles le cerisier est soumis sont celles signalées précédemment : la haute tige, la pyramide, la palmette horizontale et les palmettes verticales à 2 ou à un nombre plus considérable de branches. Dans les formes palissées, les branches charpentières sont maintenues parallèlement à 30 centimètres les unes des autres.

Le cerisier haute tige ne se taille point. La pyramide et les formes à symétrie bilatérale s'obtiennent par les procédés mis en œuvre avec les autres essences, poirier et pêcher, pour la création de formes pareilles; nous n'en parlerons donc pas davantage.

La branche fruitière est, comme celle du prunier, soumise au renouvellement trisannuel, par la taille pratiquée à la base au-dessus d'un rameau remplaçant dont on a provoqué la formation.

(On trouvera au chapitre « Le Prunier » de plus amples renseignements sur ce traitement).

MALADIES ET INSECTES NUISIBLES

Maladies. — Les maladies communes au pêcher, la gomme particulièrement, apparaissent sur le cerisier.

Insectes nuisibles. — Les deux plus dangereux sont :

La *Tenthrède éthiopienne*. — Sa larve est bien connue sous le nom de *ver limace* du cerisier et du poirier.

Pour la détruire, on projette de la chaux pulvérisée à la surface des feuilles où elle se tient, collée et gluante.

La *Mouche des cerises*. — La femelle de cette mouche pond seulement sur les guignes et les bigarreaux ; l'asticot qui naît de l'œuf vit dans le fruit.

On ne connaît pas de moyens de destruction de cet insecte.

Récolte des prunes, abricots et cerises. —

Tous ces fruits mûrissant sur l'arbre ne se doivent cueillir que quand ils ont acquis la couleur particulière qui caractérise leur état mûr. On les récoltera en les détachant à la main, sauf les prunes à confiture et les prunes à pruneaux que l'on ramasse sous les arbres après avoir agité ceux-ci pour les faire tomber. Dans ce cas, avant de secouer l'arbre, il est bon d'étendre au dessous soit une bâche, deux draps, ou un léger lit de paille pour éviter que les prunes ne se meurtrissent.

Comme toujours, le moment le plus propice à la récolte est compris entre 9 et 11 heures du matin. Alors les fruits ne sont plus imprégnés de l'humidité nocturne et ils n'ont pas encore eu le temps de s'échauffer au soleil, c'est-à-dire qu'ils sont dans d'excellentes conditions pour voyager et se garder quelques jours au besoin. Ajoutons que, quand les abricots, prunes, cerises doivent voyager loin, il est presque indispensable de les cueillir 3 ou 4 jours avant leur maturité. Cette précaution porte un grand préjudice à la qualité de ces fruits, mais le destinataire est certain de les recevoir entiers, non en compote comme cela arriverait probablement si on lui expédiait ces sortes de drupes mûres à point.

La récolte hâtive des prunes et des cerises se pratique aussi dans un autre cas, c'est lorsqu'elles doivent être confites à l'eau-de-vie.

La conservation au fruitier est insignifiante, elle ne dépasse pas 5 ou 6 jours. La prune anglaise *Goutte d'or,* cependant, se garde plus longtemps : quinze jours environ ; elle se ride bien un peu, mais ne perd rien de sa saveur exquise.

Art. V. — L'Amandier

Partie comestible: LA GRAINE

Bien que classé par les horticulteurs dans la catégorie des *fruits secs,* nous tenons à ranger l'amandier à sa véritable place, dans la classe des fruits drupacés. Et d'abord, il faudrait s'entendre sur cette appellation de *fruits secs.* Il y a bien des fruits véritablement secs, les noisettes, par exemple, mais ces fruits ne sont pas comestibles, ou du moins ce que l'on consomme chez le noisetier, c'est la graine, non le fruit.

Quant à l'amandier, de même que le noyer, il appartient à la classe des arbres à fruits drupacés ; les fruits de ces deux espèces, dans l'acception botanique du mot, sont bel et bien des drupes dont le méso-

carpe[1] est plus ou moins charnu et immangeable,
voilà tout. Si nous considérons ces fruits comme
tels, c'est pour éviter au lecteur ces surprises désa-

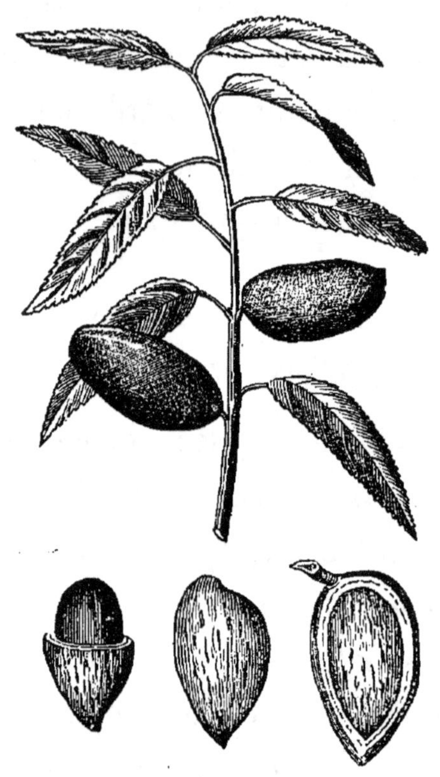

Fig. 124. — Rameau d'amandier et amandes.

gréables, ces doutes fatigants de tout esprit qui,
fouillant les livres théoriques et pratiques, trouve

1. Partie moyenne du fruit correspondant à la portion
charnue et comestible dans la pêche.

en passant de l'un à l'autre de si fréquentes contra-
dictions.

Description. Historique. — M. de Candolle re-
garde l'amandier comme originaire de l'Asie occi-
dentale tempérée. Cet arbre est naturalisé dans
toute la région méditerranéenne.

L'amandier est aussi considéré comme une
espèce du genre *prunus*, espèce voisine du pêcher :
le *Prunus amygdalus ;* la grande différence botanique entre l'amandier et le pêcher réside dans le
fruit. L'endocarpe (partie comestible de la pêche)
est épais, charnu, succulent dans ce fruit. Il est
mince, charnu d'abord, puis coriace dans l'amande.
Le noyau d'amande est lisse avec de nombreux
petits trous dispersés à sa surface ; la graine plate,
ovoïde, est huileuse et comestible.

Variétés. — C'est à tort qu'on a voulu créer
deux espèces distinctes d'amandier ; il n'y en a
qu'une qui a produit plusieurs variétés dont voici
les plus méritantes.

A. à gros fruit. — Fruit gros, coque dure.
Amande très bonne, douce.

A. des Dames. — Fruit moyen, précoce. Amande douce, très bonne.

Princesse. — Fruit moyen, précoce. Amande douce, bonne.

CULTURE

Conditions de milieu. Multiplication. — L'amandier est avant tout, comme le pêcher, un arbre méridional ou d'espalier ; sa valeur n'est pas assez considérable pour qu'on le cultive dans ces dernières conditions. Il se multiplie par semis et greffage en écusson à œil dormant sur franc et sur prunier.

Plantation. — (Voir dans la première partie du livre les détails généraux de cette importante opération.)

Ainsi, l'amandier ne se plantera qu'au verger, en terrain et sous climat appropriés. L'écartement adopté entre les arbres est de 6 mètres.

Récolte. — Elle se fait de deux manières, selon que les amandes doivent être mangées fraîches ou sèches, et alors plus ou moins conservées.

Dans le premier cas, on cueille l'amande toute garnie de son enveloppe charnue et duveteuse ; elle est même servie en cet état.

Dans le second cas, il faut récolter quand les graines sont bien fermes et revêtues d'un épiderme jaunâtre. Dans le midi, les amandes sont alors abattues à coups de gaule, débarrassées de leur péricarpe, puis expédiées en boîtes, en sacs ou en paniers.

Les variétés à coques tendres ont plus de valeur sur le marché que les variétés à coques dures.

Art. VI. — **Le Noyer**

Partie comestible : LA GRAINE

Description. Historique. — C'est un arbre monoïque (fig. 123), haut de 10 à 12 mètres, à ramure épaisse et large ; ses feuilles sont alternes, imparipennées ; ce qui contribue beaucoup à donner à l'arbre un faciès ornemental. Les fleurs mâles sont en longs chatons pendants, verdâtres et souples, les fleurs femelles portées sur des rameaux différents sont groupées par 2, 3 ou 4 ;

la floraison a lieu en avril, mai ou juin, selon le degré de précocité des variétés.

Le fruit est une drupe. La partie charnue de cette drupe (*le brou*) n'est pas comestible ; on l'emploie dans la noix verte pour la préparation de la liqueur dite *brou de noix ;* elle est aussi utilisée pour teindre les bois blancs.

Ce que l'on mange dans la noix est donc la graine ; cette graine ou amande a la forme contournée et bizarre de la substance molle du cerveau.

Bien qu'originaire de Perse et des parties septentrionales de la Chine, le noyer est un arbre relativement rustique qui s'est naturalisé en Hollande, en Angleterre, dans certaines parties de l'Irlande et partout où un climat marin lui assure une température clémente.

Espèce. Variétés. — Une seule espèce est cultivée ; le noyer commun (*Juglans regia*) (fig. 125).

Les variétés recommandées ne sont pas très nombreuses ; les voici :

A. coque tendre ou à *Mésange.* — Fruit moyen, très bon.

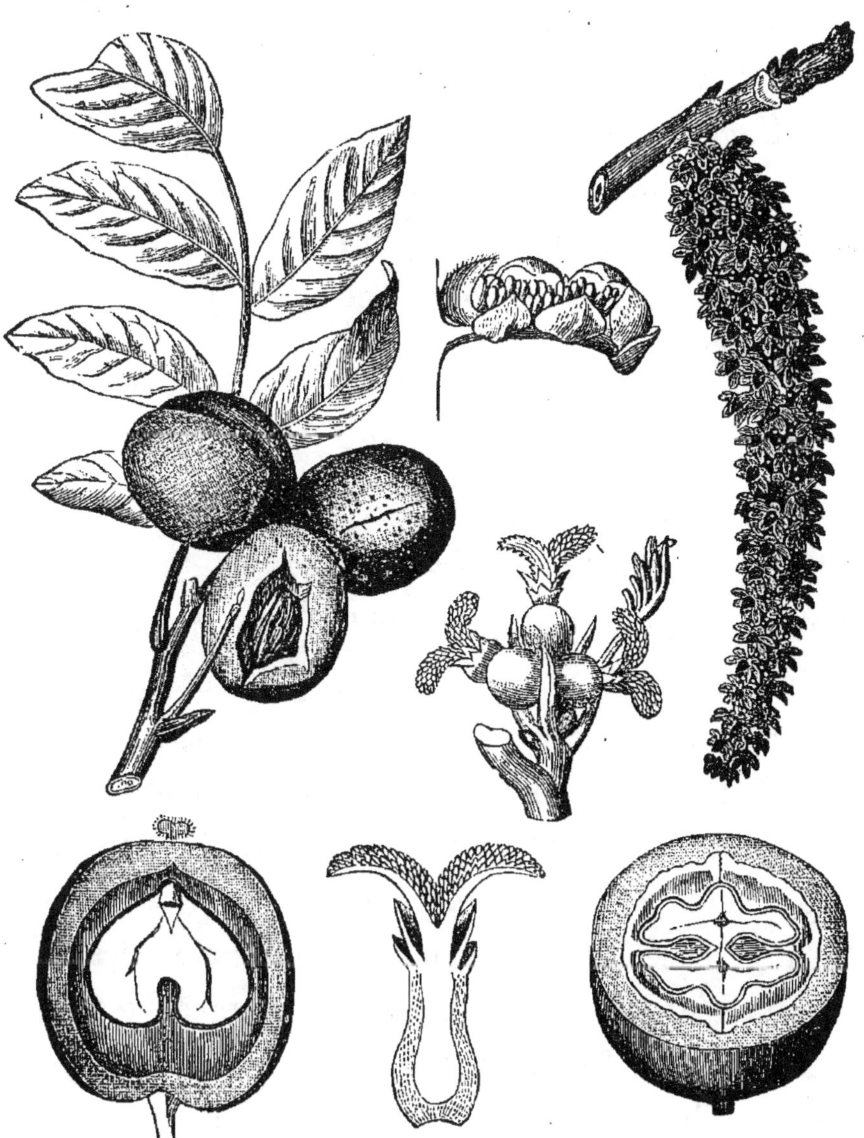

Fig. 125. — Noyer commun. Rameau chaton mâle, chaton femelle, section de l'ovaire et du fruit.

Chaberte. — Fruit moyen, recherché surtout pour l'extraction de l'huile.

Franquet. — Fruit gros, bon; variété rustique.

Mayette. — Fruit gros, très bon.

De la Saint-Jean. — Cette variété se recommande surtout par la tardiveté de sa floraison; avec la variété Franquet, elle est propre à la culture septentrionale.

CULTURE

Conditions de milieu. — Nous avons vu plus haut combien le noyer est cultivé avant dans le nord de l'Europe; cet arbre n'est pourtant pas d'une rusticité extraordinaire; il fut un des plus durement maltraités par les froids rigoureux de 1879-1880. En outre, la floraison relativement précoce de presque toutes les variétées cultivées les expose, sous le climat de Paris, aux influences dangereuses des gelées blanches. Ces influences sont tempérées ou annulées par les climats marins, celui de la Hollande par exemple où le noyer forme d'importantes plantations sur les polders.

En France, le noyer est par excellence un arbre du midi et du centre.

Les terrains sains formés de silice et de calcaire ou d'argile siliceuse sont ceux dans lesquels cette essence prospère le mieux ; elle pousse cependant dans les terrains frais, mais son bois perd de sa qualité et ses fruits ne sont pas en aussi grande abondance. Autant que possible, on choisira, pour planter, les expositions chaudes.

Multiplication. — Le noyer se multiplie par le greffage en flûte en en fente terminale sur franc de pied.

Les semis donnent toujours des individus dont les fruits sont comestibles, mais, par le semis, certaines qualités de la variété semée peuvent être perdues ; mieux vaut donc recourir au greffage.

Les individus élevés, greffés, cultivés en place, c'est-à-dire là même où les noix furent semées pour produire le sujet porte-greffes, ces individus passent pour pousser plus vite que ceux qui sont arrachés et transplantés.

Plantation. — Il semble, d'après ce que nous venons de dire, qu'il ne faut pas transplanter le noyer. On est souvent forcé de procéder quand même à cette opération ; en tous les cas, les racines de l'arbre devront être maintenues aussi entières que possible et les précautions particulières indiquées dans la première partie de ce livre seront scrupuleusement appliquées.

Le noyer se plante au verger, à 14 ou 16 mètres en tous sens. On en fait aussi des avenues sur les routes larges.

Récolte. — Cueillie quand elle a environ les 2/3 de son volume, quand son amande n'est encore qu'une sorte de gelée laiteuse, la noix sert à fabriquer la liqueur de brou de noix.

Cueillie encore verte, en août, quand son amande est bien formée, non encore huileuse, la noix est consommée sous le nom de *cerneau*.

Cueillie quand elle est mûre, en septembre et octobre, débarrassée de sa partie verte, conservée dans un endroit sain, cette graine devient la noix sèche destinée aux approvisionnements de l'hiver, à moins qu'elle ne soit employée à la production de l'huile, auquel cas on la porte de suite au moulin.

CHAPITRE V

FRUITS MULTIPLES DRUPACÉS[1]

ARTICLE PREMIER. — **Le Framboisier**

Partie comestible : UN AGRÉGAT DE DRUPES (framboise)

Description. Historique. — Le framboisier est un sous-arbrisseau, une sorte de ronce à tige aérienne dressée, bisannuelle et garnie d'aiguillons, à tige souterraine vivace. Les feuilles alternes sont pennées avec impair, à face inférieure blanchâtre. Le fruit est rouge ou jaune, multiple, composé d'un certain nombre de petites drupes amassées sur un réceptacle convexe ; chaque petite drupe contient un noyau osseux. Ce fruit est la framboise.

Le framboisier est originaire des régions tempérées d'Europe et d'Asie.

---

1. Les botanistes ont donné le nom de *fruit multiple* à une agrégation de plusieurs fruits issus d'une seule fleur. Exemple : la framboise et la mûre.

Espèce. Variétés. — L'espèce de ronce cultivée sous le nom vulgaire de framboisier est la *Ronce du mont Ida* (*Rubus Idæus*). On recherche surtout les variétés précoces, celles qui se montrent les premières, et les variétés bifères, c'est-à-dire qui fructifient deux fois dans l'année.

Les variétés à très gros fruits jouissent aussi d'une certaine considération.

Pilate, non bifère ; fruit rouge, précoce, bon.

Hornet, non bifère ; fruit très bon, très gros, rouge.

Merveille rouge, des quatre saisons, bifère ; fruit rouge, précoce, très bon.

Merveille jaune, des quatre saisons, bifère ; fruit gros, bon.

CULTURE

Conditions de milieu. — Le framboisier est un végétal à la fois robuste et rustique, résistant au froid et poussant dans les plus mauvais terrains pourvu qu'ils soient sains sous le climat septentrional, et frais sous le climat du midi.

Les sols riches en calcaire sont ceux dans

lesquels il se comporte le mieux. Il est préférable autant que possible d'établir les plantations en plein carré, dans les parties du jardin qui recoivent le soleil.

Multiplication. — On multiplie le framboisier par séparation des drageons, à l'automne ou au printemps. (Voir, première partie de ce livre, les détails sur ce mode de multiplication.)

Plantation. — Les framboisiers se plantent en lignes parallèles, à 1 mètre en tous sens. (Voir *plantation*, première partie de ce livre.)

Taille. — Les tiges du framboisier ne vivent que deux ans et fructifient la seconde année, puis périssent. Pendant qu'elles fructifiaient, d'autres tiges se sont formées qui fructifieront l'année suivante, puis seront remplacées par d'autres, ainsi de suite.

Les soins du jardinier consistent :

1° A supprimer radicalement par une taille faite rez terre les tiges de 2 ans qui ont fructifié l'année précédente ;

2° A réduire sur chaque touffe les 4 ou 5 tiges

d'un an, qui remplacent les autres, par une taille faite à 75 centimètres au-dessus du sol ;

3° A supprimer, sur chaque souche aussi, dès le mois de mai, toutes les pousses nouvelles qui excéderont les 4 ou 5 plus belles, réservées pour la fructification de l'année suivante.

En Hollande, l'usage est de ne garder chaque année que 4 pousses nouvelles par souche. Quand elles sont devenues des branches, l'année suivante, on les taille à environ 80 centimètres ou 1 mètre, puis, on les arque symétriquement vers le sol. Elles sont maintenues par un palissage sur des tuteurs ou des fils de fer tendus à droite et à gauche des lignes, à 50 centimètres d'écartement et 40 centimètres d'élévation (fig. 126).

Ce procédé augmente le rendement, parce qu'il permet aux yeux inférieurs des branches arquées de fructifier, ce qu'ils ne feraient pas si les branches n'étaient point traitées ainsi.

Pour que les récoltes n'aillent pas en diminuant, il est indispensable, tous les ans, de fumer les plantations de framboisier ; on emploiera du fumier décomposé auquel on ajoutera du superphosphate de chaux à raison de 4 kilogrammes par are.

Les engrais sont enfouis après la taille, par un labour très superficiel donné avec une fourche à dents plates. Ces précautions sont utiles à cause du mode de végétation des framboisiers qui ont tout leur système souterrain presque à la surface du sol.

Récolte. — La framboise se récolte quand elle est parfaitement mûre ; elle possède alors une couleur caractéristique, rouge ou jaune, selon les

Fig. 126. — Palissage des branches de Framboisier.

variétés. Ordinairement, le fruit multiple est détaché du réceptacle. Quelques amateurs préfèrent cueillir la framboise avec son pédoncule.

INSECTES NUISIBLES

Le plus terrible ennemi du framboisier est certainement le *Hanneton* ou plutôt sa larve.

Les principaux moyens que nous ayons pour lutter contre ce dangereux insecte sont :

1° La pratique du hannetonnage ;

2° La jachère, c'est-à-dire l'abandon du sol à lui-même, sans aucune façon qui, ameublissant la terre, crée un milieu favorable à la ponte des femelles ;

3° Le sulfure de carbone en capsules gélatineuses (12 capsules de 10 grammes enfouies par mètre carré dans le sol infecté).

CHAPITRE VI

FRUITS COMPOSÉS DRUPACÉS

Le fruit composé est formé d'une réunion intime de fruits provenant tous de fleurs distinctes qui étaient elles-mêmes réunies, portées par un réceptable commun. Exemple : la figue.

Article premier. — Le Figuier

Partie comestible : LE RÉCEPTACLE CHARNU ET L'ENSEMBLE
DES DRUPES CONTENUES

Description. Historique. — Le figuier est un végétal qui, dans son pays d'origine, atteint les dimensions d'un arbre de 10 mètres de haut, alors que sous le climat de Paris il reste arbuste touffu et buissonnant.

M. Baillon range cet arbre dans une série de la famille des Ulmacées (série des Artocarpées).

Ses feuilles sont caduques, alternes, tri ou quinquélobées, rugueuses au toucher, comme les.

jeunes rameaux. La figue (fig. 125) n'est pas le fruit proprement dit du figuier, c'est une sorte d'enveloppe charnue et creuse (réceptacle) qui portait intérieurement, à l'origine, des fleurs mâles et des fleurs femelles. Après la fécondation, ces secondes ont produit autant de petites drupes ; cette enveloppe charnue et les drupes contenues constituent un fruit composé, la figue, que l'on consomme à l'état frais ou sec.

D'après M. de Candolle, le pays d'origine du figuier serait compris entre la Syrie et les îles Canaries.

Des empreintes de feuilles de figuier trouvées dans les tufs quaternaires de Fontainebleau laissent penser que cet arbre devait exister dans cette région avant la période diluvienne [1].

Variétés. — Il existe un nombre considérable d'espèces de figuier ; celle qui donne des fruits comestibles est le figuier commun (*Ficus carica*) dont on cultive, surtout dans le midi, au moins une

---

1. De Saporta : *Le monde des plantes avant l'apparition de l'homme*, et *Origine paléontologique des arbres cultivés ou utilisés par l'homme*. Paris, 1888, p. 204.

vingtaine de variétés. Ces variétés diffèrent par le volume, la précocité, la couleur jaune ou violette du fruit, la qualité bifère ou non bifère de l'arbre.

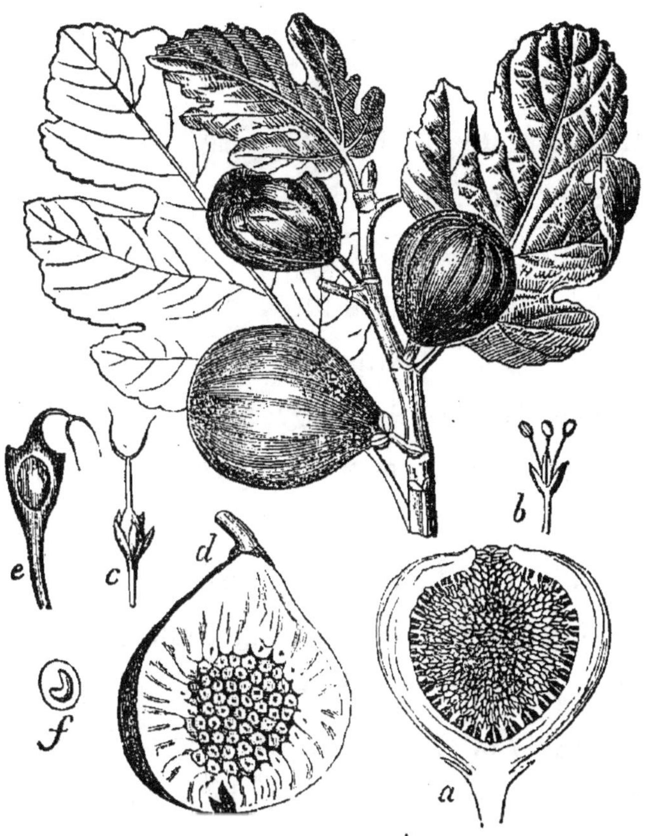

Fig. 125. — Figuier. Rameau. *b. c* fleurs mâles. *e* fleur femelle. *a d* section de la figue. *e f* fruit et graine.

Sous le climat de Paris, il est deux variétés bien acclimatées qui produisent de bons résultats de culture. Ce sont :

1° *F. de Versailles* : bifère, fruit gros, jaune, très bon, précoce par rapport à l'autre.

2° *F. Dauphine* : fruit gros, bon, violet.

CULTURE

Conditions de milieu. — Le figuier ne supporte pas un froid de moins 10 degrés ; aussi, sous le climat de Paris, est-on forcé de l'abriter en hiver. Cet arbre, d'ailleurs, est avant tout un arbre méridional. Dans le Bordelais, la Haute-Garonne, le Rhône, la Provence, on le cultive, ou plutôt on ne le cultive pas, il pousse presque sans soins.

Quelle que soit la nature physique du sol destiné au figuier, il doit être frais, surtout sous le climat brûlant du midi de la France, à moins qu'il soit possible d'obvier à la sécheresse par l'irrigation.

Sous le climat de Paris et dans tout le centre, on ne pourra cultiver le figuier avec profit que sur des coteaux ou le long de murs exposés au midi.

Multiplication. — Bien qu'il soit possible de multiplier le figuier par semis, bouturage, sépara-

tion des drageons et greffage, c'est au marcottage
que l'on a toujours ou presque toujours recours ;
il est d'ailleurs le meilleur procédé. On opère au
printemps avec des rameaux d'un an. La marcotte
compliquée réussit mieux que la marcotte simple.
(Voir les détails du marcottage au chapitre :
Multiplication des arbres.)

Plantation. — Dans la Provence, le figuier se
plante au verger comme nos pommiers en Normandie. Sous le climat de Paris, cette plantation a
lieu sur des coteaux ou le long d'un mur exposé au

Fig. 126. — Station inclinée d'une cépée de Figuier.

midi ; elle se fait de préférence au printemps et
avec des marcottes élevées en pots ou en paniers.
Les plants auront, après la mise en place, une
station inclinée (fig. 126) ; il sera plus facile de les
enterrer pour les abriter l'hiver. Si l'on plante le _

long d'un mur et que les branches soient destinées à être palissées le long de ce mur, la station verticale sera préférable, on préservera des froids en tendant l'hiver des paillassons devant les figuiers.

Taille hivernale. — Les figues se forment sur les rameaux au fur et à mesure que ceux-ci se développent. Quand un rameau a cessé de croître, vers la fin de l'été, il porte à sa base des figues généralement mûres — ce sont les secondes figues — et à son sommet des sortes de germes de figues qui, après l'hiver, grossiront et produiront l'été suivant les *figues fleurs,* c'est-à-dire les premières. Les figues fleurs ou premières figues viennent donc sur le bois de l'année précédente, tandis que les secondes figues viennent sur les pousses de l'année même et mûrissent un peu après les autres.

L'année de la plantation, le plant de figuier sera taillé à 2 ou 3 yeux au-dessus du sol, de manière que ces yeux produisent 2 ou 3 rameaux.

L'année suivante, on taillera court pour doubler les ramifications, et aussi la troisième année, jusqu'à ce que l'on ait 12 à 16 jets, qui seront l'origine d'autant de branches charpentières.

Pour former les branches fruitières, tout en allongeant les branches charpentières, on éborgne l'œil terminal de chacune de ces dernières.

Quand les autres yeux se transforment en rameaux, on enlève ceux-ci, à l'exception de celui qui doit prolonger la charpentière et de deux autres à 20 centimètres au-dessous, qui procureront une paire de branches fruitières. Chaque année, le prolongement de la charpentière est traité ainsi.

Quant aux branches fruitières formées, elles sont traitées comme les branches fruitières du pêcher; elles doivent, dans l'année même, procurer une récolte de figue fleur et un rameau remplaçant. Ce rameau remplaçant naîtra sur la base. On l'obtient en éborgnant, dès le mois d'avril, l'œil terminal de la branche fruitière et en supprimant plus tard tous les bourgeons, sauf un à la base qui procurera la branche remplaçante et un autre près du sommet pour protéger les figues.

Quelques jardiniers protègent deux rameaux remplaçants, dont l'un, le plus élevé, est destiné à la seconde récolte (récolte des secondes figues), mais il est rare que cette seconde récolte puisse se faire à Paris, la température étant presque toujours trop basse pour assurer une maturation complète des secondes figues.

Une branche fruitière de deux ans est donc comme celle d'un pêcher composée d'une partie âgée de deux ans qui a fructifié et d'une autre âgée d'un an qui fructifiera. Par la taille, le jardinier coupe la première au-dessus de la seconde, qui est traitée dès lors comme une branche fruitière nouvelle.

Cette taille est faite en automne, avant la mise des cépées à l'abri des gelées.

Taille estivale. — A part l'*éborgnage* et l'*ébourgeonnement,* dont nous avons parlé tout à l'heure, on pratique aussi en été l'*effeuillage,* l'*éclaircie des fruits* et la *caprification.*

L'effeuillage consiste, au mois de juillet et août, à supprimer quelques feuilles pour exposer davantage les figues à l'action du soleil.

Une récolte de 4 figues par branche fruitière est suffisante. L'éclaircie des fruits est donc une opération nécessaire; elle consiste à enlever, quand ils ont le volume d'une jeune noix, toutes les figues excédant la quantité prévue.

La caprification est cette pratique qui consiste, quand les figues sont entièrement développées, à les toucher près de l'œil avec un morceau de bois blanc taillé en pointe et imprégné d'huile d'olive. La caprification avance d'environ 8 jours la maturité des figues.

Récolte. — Elle se fait dans les mêmes conditions que celle des autres fruits pulpeux, après la rosée du matin, avant que les fruits ne soient échauffés par le soleil. Les figues seront complètement mûres, c'est-à-dire qu'elles auront leur couleur particulière, à son maximum d'intensité, tandis que leur consistance sera charnue, un peu molle.

MALADIES. — INSECTES NUISIBLES

Maladies. — Le figuier n'est généralement pas atteint de maladies.

Le froid, quelquefois, tue ses parties aériennes élevées, mais cet arbre porte sur ses branches basses et jusque sur sa souche des bourgeons latents qui se développent avec facilité et peuvent reconstituer les branches détruites.

Insectes nuisibles. — Le seul insecte nuisible qu'on connaisse au figuier est le kermès ;

Il possède les mœurs du kermès des poiriers, des pêchers ;

On le détruit par le même procédé.

CHAPITRE VII

FRUITS SECS

ARTICLE PREMIER. — **Le Chataignier**

Partie comestible : LA GRAINE

Description. Historique. —Le châtaignier, de la famille des Cupulifères, est un arbre de première grandeur ; son tronc est pourtant court relativement, mais ses ramifications acquièrent un développement considérable. — Feuilles caduques, lancéolées, dentées, vert sombre. — Fleurs unisexuées, réunies sur le même arbre, les fleurs mâles en chatons jaune verdâtre, les fleurs femelles gemmées et souvent disposées à la base des chatons. —Fruit sec, composé d'akènes, réunis généralement par trois dans une même enveloppe épineuse, qui est l'*involucre* ou hérisson ; chaque akène constitue un fruit dont la graine seule est comestible ; cet akène s'appelle un *marron* ou une *châtaigne*, selon les localités (fig. 127).

Cet arbre, dit M. de Candolle, semble être indigène dans les bois des pays montueux de la zone comprise entre le Portugal et la mer Caspienne.

Espèce. Variétés. — L'espèce cultivée *Châtaignier vulgaire* (*Castanea vulgaris*) n'a produit que peu de variétés ; celles-ci, en général, portent le nom de la localité où elles sont en quelque sorte confinées ; c'est ainsi que l'on a :

Le *Marron du Luc*.

Les *Marrons de Lyon*, renommés pour leur gros volume.

La *Châtaigne verte du Limousin*.

La *Nouzillarde*, cultivée spécialement dans le Poitou.

Il y a enfin le *Châtaignier commun*, qui est répandu un peu partout.

CULTURE

Conditions de milieu. — En France, la région du châtaignier est une des plus étendues ; elle est

comprise entre la Méditerranée et une ligne idéale
qui, partant de Saint-Brieuc, en Bretagne, passe-

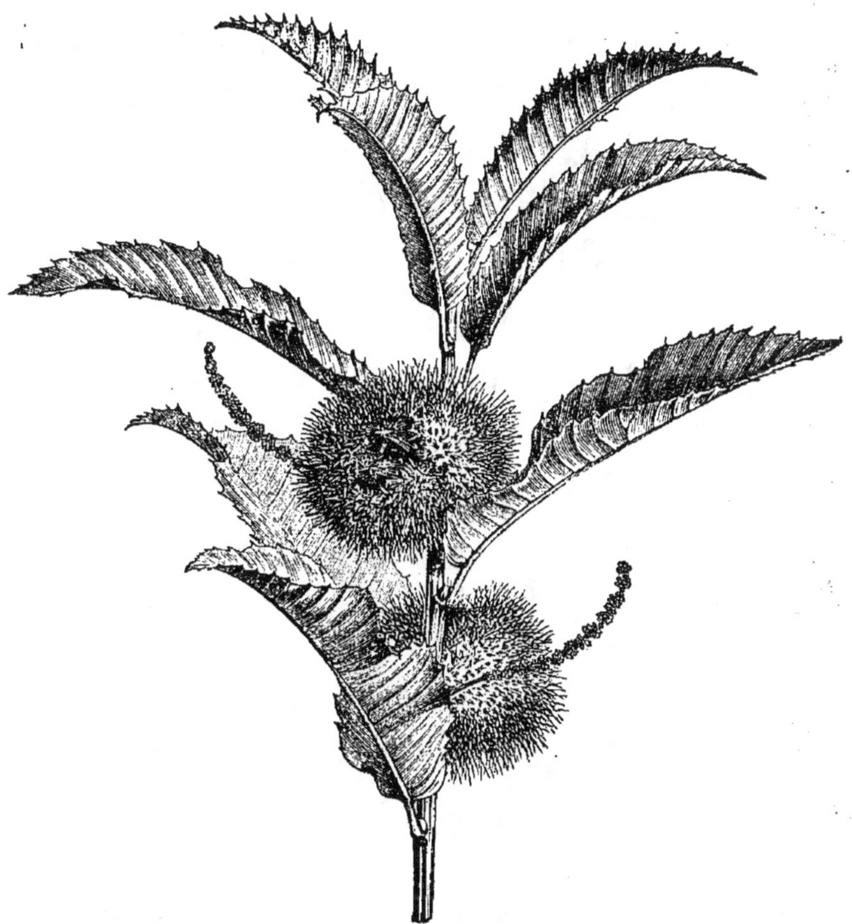

Fig. 127. — Châtaignier

rait par Évreux et Reims. Mais c'est surtout dans
la région de la vigne, et à une altitude de 500 à
600 mètres, que la culture de cet arbre donne les

meilleurs résultats. Tous les pays producteurs sont en effet compris dans cette zone; ce sont : l'Anjou, l'Auvergne, le Berry, la Bretagne, la Corse, le Limousin, la Marche, le Périgord, la Provence, qui produisent tous les ans en moyenne, d'après M. de Foville, 6,500,000 hectolitres de châtaignes, représentant une valeur de 60,000,000 de francs.

Les terres siliceuses, schisteuses, volcaniques, les terres riches en potasse conviennent à cet arbre qui, par contre, ne pousse pas dans les sols trop calcaires.

Multiplication. — Le semis de graines stratifiées ou non stratifiées procure ce qu'on appelle le châtaignier commun ; il donne aussi des jeunes sujets pour le greffage des bonnes variétés. C'est surtout par la greffe en flûte sur sujets haute tige que l'on multiplie ces dernières [1].

Plantation. — Le châtaignier est par excellence un arbre de plein vent. On le plante à de grandes distances, 14 à 16 mètres en tous sens. Quand

---

1. Voir *Greffage des arbres fruitiers*, 1re partie.

cette espèce est adoptée pour planter une avenue, on écarte un peu moins les sujets : sur les lignes, ils sont placés de 12 en 12 mètres.

Cet arbre ne se taille pas ; il est seulement émondé de temps en temps. Il commence à fructifier à l'âge de 10 ou 12 ans et produit ses plus belles récoltes à partir de 40 ans.

Récolte. — C'est quand les involucres ou hérissons commencent à s'ouvrir que les châtaignes sont récoltées.

Les arbres sont gaulés ; les châtaignes, débarrassées de leurs involucres, sont exposées à l'air, mais abritées des pluies pendant plusieurs jours, afin qu'elles se débarrassent de l'excès de leur eau de constitution, qui nuirait à leur bonne garde.

Si la châtaigne est un fruit agréable, même lorsqu'elle usurpe la place des truffes, elle est en revanche un produit d'une assez faible valeur nutritive.

D'après le docteur Dujardin-Beaumetz, la châtaigne fraîche ne contiendrait que 0.64 d'azote, alors que le pain de farine de blé dur contient 2.20 0/0 de cet élément.

INSECTE NUISIBLE

Un seul insecte est véritablement nuisible au châtaignier, c'est le carpocapse des châtaignes, tout petit papillon dont la chenille vit dans le fruit, où il est connu sous le nom de *ver des châtaignes*.

Les châtaignes attaquées tombent les premières ; il faut les ramasser et les brûler.

Art. II. — **Le Noisetier ou Coudrier**

Partie comestible : LA GRAINE

Description. Historique. — Le noisetier (fig. 128) appartient aussi à la famille des *cupulifères*. C'est un arbrisseau buissonnant et touffu, à feuilles cordiformes dentées, à fleurs unisexuées, les mâles en chatons cylindriques, souples, pendants, les femelles, sur le même arbre, contenues dans des sortes de bourgeons. Le fruit est un akène porté dans un involucre foliacé et accrescent.

Cette essence est indigène; on la rencontre souvent dans nos forêts, où elle pousse à l'état spontané.

Espèce. Variétés. — La seule espèce de cou-

Fig 128. — Noisetier.

drier connue pour la consommation de ses fruits

est le coudrier Aveline (*Corylus avellana*), dont les variétés suivantes sont les plus recherchées.

Blanche longue. — Fruit très bon, précoce. Arbuste fertile.

Grosse ronde de Piémont. — Fruit très bon, précoce ; arbuste vigoureux, fertile.

Merveille de Bollwiller. — Fruit gros, très bon. Maturité tardive. Arbuste vigoureux, fertile.

Rouge longue. — Fruit moyen, précoce. Amande rouge. Arbuste fertile.

CULTURE

La culture du coudrier ne souffre aucune difficulté ; cet arbrisseau vient bien dans toute la France et jusque dans les terrains les plus pauvres. Néanmoins c'est dans le midi que cette culture donne, jusqu'à présent, les meilleurs résultats.

Le Languedoc, la Provence ont la réputation des avelines de choix, et les plantations de Cadière, dans le Var, produisent les avelines les plus estimées.

Multiplication. — Le noisetier se multiplie surtout par marcottage simple ou compliqué. (Voir le chapitre *Multiplication des arbres fruitiers*.) Les semis ne reproduisent jamais bien exactement les variétés génératrices.

Plantation. — On plante cette essence en plein air, au verger, à 2 mètres en tous sens, ou dans quelque coin du jardin fruitier.

Le noisetier n'est point taillé; sa fructification commence vers l'âge de 4 ou 5 ans.

Récolte. — On récolte les noisettes en les cueillant vers septembre-octobre, quand les graines sont bien mûres; cette maturité est certaine lorsque l'involucre se dessèche ou devient roux.

TROISIÈME PARTIE

RESTAURATION DES ARBRES FRUITIERS

Définition. But. — Il arrive souvent que nos arbres ont certaines parties aériennes à peu près ruinées par l'âge et les maladies, alors que les racines, la tige et parfois les branches maîtresses sont encore saines. Ces arbres peuvent être restaurés, c'est-à-dire qu'il est possible d'en reconstituer d'autres semblables en se servant pour cela des bourgeons adventifs qu'il est facile de faire percer sur le « vieux bois » préexistant.

Restaurer un arbre, c'est donc l'amputer de ses branches, de ses portions usées ou décrépites et reconstituer ces branches avec des pousses nouvelles.

La restauration a pour but de prolonger l'existence et la fertilité des arbres. Elle se fait à des degrés divers selon les essences et leur état de délabrement. On peut, par exemple, sur un poirier, n'enlever que les branches fruitières ou bien supprimer les branches charpentières et même une partie du tronc, selon que ce sont seulement les branches fruitières ou bien les branches charpentières et le tronc qui sont malades. Ces trois degrés de la restauration des arbres s'appellent le rapprochement, le ravalement et le recépage.

Dans ce but, on emploie des moyens divers que nous allons étudier en détail.

Dans tous les cas, cette importante opration doit être précédée ou immédiatement suivie d'un épandage d'engrais : fumier, terreau, cendre de bois ou engrais minéral ainsi composé :

Superphosphate de chaux........	50 parties.
Chlorure de potassium..........	50 —
Sulfate d'ammoniaque	40 —

150 grammes de ce mélange par mètre superficiel qu'occupent les racines.

Poiriers. Pommiers. — Ces deux essences ont une qualité spéciale, celle d'émettre très facilement sur le vieux bois des pousses nouvelles qui ont pour origine des bourgeons latents très nombreux et très vivaces.

Quand la restauration doit porter sur les branches fruitières, celles-ci, lors de la taille d'hiver, sont rabattues sur leur point d'insertion. Il est préférable d'opérer en plusieurs fois, c'est-à-dire que, si toutes les branches fruitières doivent être restaurées, on n'en doit supprimer d'abord qu'une partie, la moitié par exemple ; l'autre moitié sera traitée l'année suivante.

Au mois de mai, dans le voisinage des parties amputées, apparaissent toujours un certain nombre de rameaux. Il est fait choix d'un seul de ces rameaux par coursonne à remplacer; les autres sont enlevés. Chaque rameau choisi sera pincé, puis traité comme une branche fruitière naissante.

Quand la restauration vise les branches charpentières, celles-ci sont enlevées, ravalées au niveau de la tige. Cette tige elle-même est raccourcie d'un cinquième, d'un quart ou d'un tiers, selon qu'elle est plus ou moins saine, plus ou moins bien constituée. Pendant la végétation, il naît, sur la portion conservée de la tige, un nombre considérable de pousses ; c'est au jardinier à conserver, parmi ces pousses, celles qui doivent servir à reconstituer les branches charpentières et la portion de la tige enlevées, les autres pousses, inutiles, seront supprimées.

Il va de soi que les rameaux réservés doivent être dirigés, palissés, selon la forme qu'ils sont appelés à représenter.

Le rameau terminal, par exemple, qui doit prolonger la tige, sera dressé et palissé selon ce prolongement.

Dans certains cas, quand, restaurant un poirier, on veut en même temps changer la nature de sa variété, il est laissé aux branches charpentières une faible longueur, de 15 à 20 centimètres, puis, au printemps, chaque tronçon de branche est greffé en fente avec la variété nouvelle qui doit être substituée à l'autre.

Ajoutons aussi qu'il n'est pas nécessaire de reconstituer la forme absolument telle qu'elle était. D'une pyramide de poirier soumise à la restauration, on peut former un vase par un recépage de la tige. On peut former une palmette en éventail d'une palmette verticale ou d'un candélabre, etc.

Dans le cas de recépage ou de restauration un peu radicale, pour exciter davantage l'absorption des racines, il est utile de conserver quelque part une branche entière, si petite qu'elle soit.

Arbres à fruits drupacés uniloculaires. — Les arbres à fruits drupacés uniloculaires : pêchers,

Fig. 129. — Greffe en approche sur pêcher.

abricotiers, pruniers, cerisiers ne se prêtent pas aussi facilement que les précédents aux pratiques de la restauration. Chez eux, l'abricotier à part, les bourgeons latents sont excessivement rares.

Pour la restauration des branches fruitières sur

le pêcher, on procède le plus souvent par le greffage en approche (fig. 129). (Voir greffage des arbres fruitiers.) S'il s'agit de remplacer la charpente de cet arbre, on ne doit opérer que partiellement en un certain nombre de fois. Dans ce cas, il faut se servir comme on peut des *gourmands*, sortes de rameaux vigoureux qui ne manquent pas de paraître dans le voisinage des coudes, des empattements de branches ou des fortes amputations.

Le prunier peut être traité par le greffage en fente; ses branches charpentières étant raccourcies reçoivent chacune un greffon au printemps. (Voir *greffage en fente*.)

L'abricotier émet assez facilement des rameaux sur le vieux bois; cependant il ne doit point, de même que le prunier et le pêcher, être recépé, ou même amputé radicalement de toutes ses branches charpentières; la végétation serait par trop entravée, il pourrait en résulter la mort de l'arbre.

Sur les arbres à fruits à noyau, il est donc essentiel d'opérer la restauration progressivement, en plusieurs années, de manière que l'arbre ne soit jamais dépourvu d'une certaine quantité d'yeux ou bourgeons qui assurent l'élaboration tranquille et normale de la sève.

Vigne. — Comme tous les végétaux, mais moins qu'eux cependant, la vigne dépassant certaines limites d'âge, s'affaiblit, perd sa fécondité, devient caduque et meurt. Il est pourtant des exemples de pieds de vignes vieux et encore fertiles, mais ces rares spécimens se trouvent dans des conditions particulières qu'il nous est impossible de donner aux treilles de nos jardins.

Notre ardent désir de jouir beaucoup et tout de suite, nous porte à planter les arbres en masse, pour occuper rapidement un espace qu'on aurait pu garnir avec un seul sujet, mais en beaucoup plus de temps. C'est justement à cause de cet encombrement que la vie des arbres est abrégée ; l'espace, qu'on leur mesure parcimonieusement, manque aux racines, et aux branches : ils se nuisent réciproquement. Une fois qu'ils occupent l'étroite étendue qu'on leur a assignée, ils ne peuvent pas en dépasser les limites sans qu'on les rogne, sous prétexte de les réintégrer dans leur domaine. Dès l'instant qu'il subit ces suppressions injustes, l'arbre, même jeune, cesse de croître et vieillit. Mais qu'on lui donne de l'espace, à cet arbre, les branches, toujours nouvelles, toujours s'allongeant, seront un incessant appel de sève, dont la force ira longtemps croissant, et les racines s'étendront en proportion, sans en rencontrer d'autres, voisines, avec lesquelles il faudrait partager la fertilité du sol ; et cette vigne, ce poirier, ne seront vieux que dans un siècle.

Nous ne disons pas tout cela pour préconiser exclusivement les formes à grande envergure ; nullement, mais nous voulons affirmer que si les arbres, dans nos jardins, vivent peu, vieillissent jeunes, ils le doivent surtout à l'empire des traitements qu'ils subissent et non à l'influence d'une prétendue *dégénérescence*, qu'on invoque souvent à faux et qui, dans sa signification vague, n'explique pas grand'chose.

La vigne de Hampton-Court, citée par notre ami M. Gravereau [1], a 120 ans de plantation ; elle

---

1. Gravereau. *Etude sur l'Angleterre. (Bulletin de la Société des anciens élèves de l'Ecole d'horticulture de Versailles.)*

couvre une surface de 184 mètres carrés, produit annuellement 2,000 à 2,500 grappes de raisin et n'est point dégénérée.

Dans nos jardins, on reconstitue les branches fruitières des vignes, comme on les reconstitue sur le poirier, en opérant d'abord le rapprochement de ces branches.

Quand la restauration comporte le renouvellement de la charpente, les pieds de vigne sont recépés un peu au-dessous du niveau du sol. Il se développe toujours sur la souche un certain nombre de rameaux ; un seul suffit pour rétablir chaque pied ; les autres sont détruits ou pincés très courts, puis ravalés l'hiver suivant.

Quand, sur la quantité, quelques pieds sont détruits, on opère encore de même, seulement sur les individus voisins des pieds à remplacer, on conserve deux sarments au lieu d'un seul. L'année suivante, l'un de ces sarments est marcotté, couché de façon à reconstituer le pied absent. (Voir fig. 24, page 58.)

Tous les sarments peuvent être traités ainsi, couchés à 35 ou 40 centimètres de profondeur, puis arqués et ramenés par leur extrémité à l'emplacement qu'ils occupaient.

Dans ce cas, la restauration, porte aussi sur le système souterrain ; mais pour que cette opération réussisse, il est important que le sol soit copieusement fumé et cela un an à l'avance.

Arbres et arbustes drageonnants. — Il est dans la nature de certaines essences d'émettre constamment, sans être sollicitées, des rameaux jusque sur leur souche souterraine. Le figuier, les groseilliers, le noisetier, se comportent ainsi. On conçoit que la restauration de pareils arbres est facile ; il suffit, en effet, de recéper toutes les vieilles branches seulement à quelques centimètres de terre pour avoir, l'année même, une nombreuse génération de nouvelles branches. De même, ici, la nécessité d'une fumure copieuse se fait impérieusement sentir.

QUATRIÈME PARTIE

CONSERVATION DES FRUITS

Conditions de la conservation. — Tous les fruits ne se conservent pas et, parmi ceux qui se gardent, tous ne se gardent pas également bien et également longtemps.

Les fruits drupacés à pépins (poires, pommes), et les raisins, sous ce rapport, sont les mieux doués.

Quant aux poires et aux pommes, nous savons qu'elles mûrissent au fruitier et, à partir du moment où elles sont mûres, leur conservation devient plus difficile, presque chanceuse. Les raisins, au contraire, se cueillent parfaitement mûrs et se conservent en cet état.

Plusieurs agents sont contraires à la bonne conservation des fruits ; ce sont, en premier lieu, la chaleur, puis, l'humidité, la lumière et l'air renouvelé.

La chaleur active les phénomènes chimiques dont les fruits sont l'objet. Voici les principaux de ces phenomènes : neutralisation des substances acides, formation du sucre, décomposition du sucre en alcool et acide carbonique sous l'action d'un ferment, formation d'éthers à odeur pénétrante, puis, finalement, décomposition ou pourriture.

Si la température de l'air ambiant est maintenue à 0 degré ou tout près de ce point thermométrique, les phénomènes que nous venons d'énumérer sont arrêtés ; ils se succèdent beaucoup plus lentement à $+ 7$ ou $+ 8°$ que dans un milieu à $+ 12$ ou $+ 15°$.

C'est pourquoi on a toujours recommandé, pour y installer les fruitiers, des locaux froids, dont la température soit constante et assez voisine du 0 de l'échelle centigrade.

L'humidité a un autre inconvénient qui se fait surtout sentir sur les raisins ; elle engendre les moisissures, dont le développement gâte bientôt les fruits.

La lumière, les renouvellements d'air, ont aussi la propriété de hâter les phénomènes chimiques dont les fruits sont l'objet.

Le local destiné à la conservation des fruits sera donc froid, à l'abri des gelées cependant, sec, obscur et hermétiquement clos, c'est-à-dire sans ventilation. Ce local pourra être une chambre, un sous-sol, une cave, etc.

Installation. — Le local choisi pour être transformé en fruitier est soigneusement nettoyé ses murs sont lambrissés ou tapissés ; le long de ces murs il est installé des tablettes à 30 centimètres les unes des autres, la première étant à 50 centimètres au-dessus du sol.

Chaque tablette a 50 centimètres de large, elle est munie d'un rebord qui retient les fruits. Si l'on juge à propos de donner une pente aux tablettes pour que les fruits soient mieux en vue, il faudra : 1° que cette pente soit faible ; 2° que les tablettes en pente soient munies, tous les 10 centimètres, de baguettes longitudinales et parallèles, qui maintiendront les fruits dans une position stable. La disposition des tablettes en gradins (fig. 130) est plus coûteuse ; elle permet cependant d'envisager d'une façon plus nette et plus rapide les fruits conservés.

Au milieu du frutier, une table est nécessaire
avec un passage d'au moins un mètre tout autour;

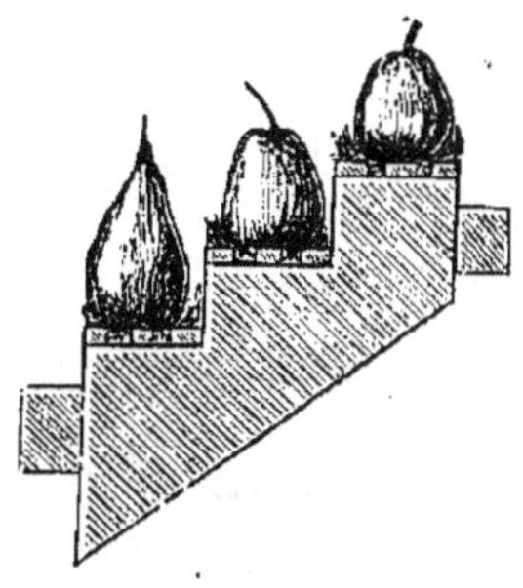

Fig. 130. — Tablette inclinée dont les gradins larges de 0,15 sont
formées de trois lattes non-jointes.

cette table est aussi munie d'un rebord : elle peut
porter en dessous une ou deux tablettes. — Après

Fig. 131. — Conservation du raisin à rafle verte.

qu'ils ont été exposés à l'air libre dans une pièce
ventilée, pour y perdre l'excès de leur eau de
constitution, les fruits sont rentrés définitivement
et disposés sur les tablettes du fruitier.

Pour la conservation du raisin à rafle verte, il n'est point besoin de tablettes ; le long des cloisons lambrissées, il est cloué horizontalement, à 25 centimètres les unes au-dessus des autres, des traverses de 8 centimètres d'épaisseur ; à ces traverses sont accrochés de petits flacons pleins d'eau ; chaque flacon supporte une grappe de raisin par son sarment plongeant dans l'eau (fig. 131).

Au milieu du fruitier, de mètre en mètre, avec un passage nécessaire sur les côtés, sont installées des claires-voies dont les traverses ont la même disposition et le même emploi que celles fixées le long des cloisons.

Les flacons mesurent 15 centimètres de haut sur 5 centimètres de large ; ils sont placés à 15 centimètres les uns des autres sur la même traverse. On les attache au moyen d'un fil de fer liant le goulot.

L'ouverture de ce goulot doit être étroite (2 centimètres de diamètre) pour que l'évaporation de l'eau contenue soit moins considérable. Il est utile aussi d'ajouter dans chaque flacon une pincée de petits morceaux de charbon de bois qui empêche la décomposition de l'eau.

Quand les raisins sont conservés « à rafle sèche »,
ils sont cueillis sans portion de sarment et étendus
côte à côte sur un lit de paille bien saine et sans
odeur que doivent alors porter les tablettes du fruitier à raisin. Dans cet état, le raisin se conserve moins longtemps qu'à rafle verte, puis il se
flétrit et se ride facilement, mais il faut dire aussi
que son goût n'y perd rien, au contraire, il est
généralement plus fin, plus sucré que celui des
grappes conservées avec le secours de l'eau.

Soins d'entretien. — Les fruits sont l'objet
d'une évaporation constante qui finirait par créer

Fig. 132. — Entonnoir en zinc à bords très élargis, où l'on dépose le
chlorure de calcium; en dessous on voit le vase qui reçoit le chlorure
dissous.

une grande humidité dans le fruitier si l'on ne
prenait des précautions pour l'éviter.

On a recours, pour soustraire la vapeur d'eau du fruitier, soit à l'acide sulfurique, à la chaux en pierre ou au chlorure de calcium, substances toutes avides de vapeur d'eau.

Si l'on emploie l'acide sulfurique, les vases contenants devront être en grès et fixés de manière à ce qu'ils ne puissent pas être renversés, à cause des accidents qui pourraient en résulter.

Si c'est au chlorure de calcium que l'on a recours, il faut le disposer de façon que l'eau absorbée, qui ne tarde pas à se liquéfier, puisse s'écouler dans un vase à encolure très étroite (fig. 132).

Le fruitier sera visité souvent, 2 ou 3 fois par semaine ; les fruits gâtés seront enlevés ainsi que les fruits mûrs.

Sur les grappes de raisin les grains moisis seront soigneusement enlevés à l'aide de ciseaux.

On évitera la lumière et les courants d'air. La température sera maintenue aussi constante que possible entre $+ 4$ et $+ 7$ degrés centigrades.

GAUDRY (Albert), membre de l'Institut, professeur au Muséum. **Les ancêtres de nos animaux** dans les temps géologiques. 1 vol. in-16, avec figures.. 3 fr. 50

GAUTIER (Arm.), professeur à la Faculté de médecine de Paris. **Le cuivre et le plomb** dans l'alimentation et l'industrie. 1 volume in-16.. 3 fr. 50

GIRARD (Maurice). **Les abeilles.** Organes et fonctions, éducation et produits, miel et cire. 1 vol. in-16, avec 30 fig. et 1 planche. 3 fr. 50

GRAFFIGNY (H. DE). **La navigation aérienne et les ballons dirigeables.** 1 vol. in-16, avec 43 figures................... 3 fr. 50

GÜN (Colonel). **L'électricité appliquée à l'art militaire.** 1 vol. in-16, avec 70 figures.................................. 3 fr. 50

— **L'artillerie actuelle,** canons, fusils et projectiles. 1 vol. in-16, avec 80 figures..................................... 3 fr. 50

HERZEN (Alex.), professeur à l'Académie de Lausanne. **Le cerveau et l'activité cérébrale** au point de vue psycho-physiologique. 1 vol. in-16.. 3 fr. 50

KNAB. **Les minéraux utiles** et l'exploitation des mines. 1 vol. in-16, avec 50 figures..................................... 3 fr. 50

LARBALÉTRIER. **L'alcool** au point de vue chimique, agricole, industriel, hygiénique et fiscal. 1 vol. in-16, avec 50 figures.... 3 fr. 50

LEFÈVRE. **La photographie,** ses applications aux sciences, aux arts et à l'industrie. 1 vol. in-16, avec 100 figures........... 3 fr. 50

LORET (V.). **L'Égypte au temps des Pharaons.** 1 vol. in-16, avec 20 photogravures...................................... 3 fr. 50

MONIEZ. **Les parasites de l'homme,** animaux et végétaux. 1 vol. in-16, avec 50 figures.................................. 3 fr. 50

MOREAU (Dr P.), de Tours. **Fous et bouffons,** étude physiologique, psychologique et historique. 1 vol. in-16................. 3 fr. 50

— **La folie chez les enfants.** 1 vol. in-16............... 3 fr. 50

PERRIER (Edm.), professeur au Muséum d'histoire naturelle. **Le transformisme.** 1 vol. in-16, avec 100 figures........... 3 fr. 50

PLANTÉ (G.). **Les phénomènes électriques de l'atmosphère.** 1 vol. in-16, avec 50 figures.................................. 3 fr. 50

QUATREFAGES (A. DE), membre de l'Institut, professeur au Muséum. **Les pygmées.** 1 vol. in-16, avec figures.................. 3 fr. 50

RIANT (Dr A.). **Les irresponsables devant la justice.** 1 volume in-16.. 3 fr. 50

— **Hygiène des orateurs,** hommes politiques, magistrats, avocats, prédicateurs, professeurs, artistes et de tous ceux qui sont appelés à parler en public. 1 vol. in-16...................... 3 fr. 50

RENAULT (B.). **Les plantes fossiles.** 1 vol. in-16, avec fig. 3 fr. 50

RICHE (A.). **Monnaies et bijoux,** garantie et poinçonnage. 1 vol. in-16, avec 40 figures..................................... 3 fr. 50

SAPORTA (A. DE). **Les théories et les notations de la chimie moderne.** 1 vol. in-16, avec figures...................... 3 fr. 50

SAPORTA (Marquis G. DE), correspondant de l'Institut. **Origine paléontologique des arbres** cultivés et utilisés par l'homme. 1 vol. in-16, avec figures..................................... 3 fr. 50

SCHMITT (J.). **Microbes et maladies.** 1 vol. in-16, avec 24 fig. 3 fr. 50

SIMON (Dr P. Max). **Le monde des rêves.** 1 vol. in-16.... 3 fr. 50

VUILLEMIN. **La biologie végétale.** 1 vol. in-16, avec 80 fig. 3 fr. 50

BLANCHARD (E.). — **Les Poissons des eaux douces de la France,** par Emile BLANCHARD, membre de l'Institut. 1 vol. gr. in-8 de 800 p., avec 151 fig. et 32 planches hors texte sur papier teinté.... 16 fr.
— Le même, relié en demi-maroquin, doré sur tranches..... 20 fr.

BREHM. — **Les Merveilles de la Nature. L'homme et les animaux.** Edition française, par Z. GERBE, J. KUNCKEL D'HERCULAIS, E. SAUVAGE, A.-T. DE ROCHEBRUNE, aides-naturalistes au Muséum de Paris.
— **Les Races humaines et les Mammifères.** 2 vol. gr. in-8, avec 800 fig. et 40 pl......... 22 fr.
— **Les Oiseaux.** 2 vol. gr. in-8, avec 600 fig. et 40 pl....... 22 fr.
— **Les Reptiles et les Batraciens.** 1 vol. gr. in-8, avec 600 fig. et 20 planches .... 11 fr.
— **Les Poissons et les Crustacés.** 1 vol. gr. in-8, avec 700 fig. et 20 planches......... 11 fr.
— **Les Insectes, les Myriapodes et les Arachnides.** 2 vol. gr. in-8, avec 2000 fig. et 36 pl... 22 fr.
— **Les Vers, les Mollusques, les Polypiers et les Protozoaires.** 1 vol. gr. in-8, avec 1200 fig. et 20 pl......... 11 fr.

BROCCHI. — **Traité de zoologie agricole,** comprenant des éléments de pisciculture, d'apiculture, de sériciculture, d'ostréiculture, etc., par P. BROCCHI, maître de conférences à l'Institut national agronomique. 1 vol. in-8, 984 pages, avec 695 figures, cart........ 18 fr.

CUYER et ALIX. — **Le Cheval,** extérieur, régions, pied, proportions, aplombs, allures, âge, aptitudes, robes, tares, vices, vente et achat, examen critique des œuvres d'art équestre, etc.; structure et fonctions; situation, rapports, structure anatomique et rôle physiologique de chaque organe; races, origine, divisions, caractères, production et amélioration. — Planches par E. CUYER, professeur à l'Ecole des Beaux-Arts, texte par E. ALIX, vétérinaire de l'armée. 1 vol. gr. in-8, avec atlas de 16 pl. coloriées, découpées et superposées.
— Ensemble. 2 vol. cart .... 60 fr.

DENIKER. — **Atlas manuel de botanique** ou illustrations des familles et des genres de plantes phanérogames et cryptogames, avec le texte en regard. 1 vol. in-4°, 400 pages avec 200 planches in-4° comprenant 3300 figures, cart..... 30 fr.

GAUTIER (L.). — **Les champignons.** 1 vol. gr. in-8 de 508 pages, avec 195 fig. et 16 pl. chromolithographiées, cart.......... 24 fr.

GOYAU. — **Traité pratique de maréchalerie.** 1 vol. in-18, 528 pages, avec 364 figures......... 10 fr.

PERTUS (J.). — **Traité des maladies du chien,** précédé d'une description des races et des âges. 1 vol. in-18, 90 pages.... 1 fr. 50

SCHACK. — **La physionomie chez l'homme et chez les animaux dans ses rapports avec l'expression des émotions et des sentiments.** 1 vol. in-8 de 445 pages, avec 154 figures......... 7 fr.

SCHRIBAUX et NANOT. — **Éléments de botanique agricole** à l'usage des écoles d'agriculture, des écoles normales et de l'enseignement agricole départemental. 1 vol. in-18 jésus de xx-328 pages, avec 260 figures, 2 pl. col. et 1 carte......... 7 fr.

SIGNOL. — **Aide-mémoire du vétérinaire.** Médecine, chirurgie, obstétrique, formules, police sanitaire et jurisprudence commerciale. 1 vol. in-18 jésus de 543 p., avec 395 fig. cart......... 6 fr.

VERLOT. — **Guide du botaniste herborisant.** Conseils sur la récolte des plantes, la préparation des herbiers, l'exploration des stations des plantes phanérogames et cryptogames et les herborisations. 3e *édition.* 1 vol. in-18, 764 pag., avec fig. Cart......... 6 fr.

VESQUE. — **Traité de botanique agricole et industrielle,** par J. VESQUE, maître de conférences à l'Institut national agronomique. 1 vol. in-8 de XVI-976 pages avec 598 figures, cartonné..... 18 fr.

LA SOIE
AU POINT DE VUE SCIENTIFIQUE ET INDUSTRIEL
Par Léo VIGNON
Maître de conférences à la Faculté des sciences
Sous-directeur de l'École de chimie industrielle de Lyon.

1 vol. in-16, de 370 pages, avec 81 figures, cartonné. . . 4 fr.

Le ver à soie; l'œuf; le ver; la chrysalide; le cocon; le papillon; la sériciculture et les maladies du ver à soie; la soie; le triage et le dévidage des cocons; étude physique et chimique de la soie grège; le moulinage; les déchets de soie et l'industrie de la schappe; les soieries; essai, conditionnement et titrage; la teinture; le tissage; finissage des tissus; impression; apprêts; classification des soieries; l'art dans l'industrie des soieries; documents statistiques sur la production des soies et soieries.

LES MATIÈRES COLORANTES
ET LA CHIMIE DE LA TEINTURE
Par L. TASSART
Ingénieur, répétiteur à l'École centrale des arts et manufactures,
Chimiste de la Société des matières colorantes et produits chimiques
de Saint-Denis (Établissements Poirrier et Dalsace).

1 vol. in-16, de 320 pages, avec 30 figures, cartonné.. . 4 fr.

Matières textiles : fibres d'origine végétale, coton, lin, chanvre, jute, ramie; fibres d'origine animale, laine et soie; matières colorantes minérales, végétales et animales; matières tannantes; matières colorantes artificielles; dérivés du triphényl-méthane, phtaléines; matières colorantes nitrées et azoïques, indophénols, safranines, alizarine, etc.; analyse des matières colorantes; mordants d'alumine, de fer, de chrome, d'étain, etc.; matières employées pour l'apprêt des tissus; des eaux employées en teinturerie et de leur épuration.

L'INDUSTRIE DE LA TEINTURE
Par L. TASSART

1 vol. in-16, de 360 pages, avec 50 figures, cartonné. . . 4 fr.

Le blanchiment du coton, du lin, de la laine et de la soie; le mordançage; la teinture à l'aide des matières colorantes artificielles (matières colorantes dérivées du triphényl-méthane, phtaléines; matières colorantes artificielles, safranine, alizarine, etc.); de l'échantillonnage; manipulation et matériel de la teinture des fibres textiles, des filés et des tissus; rinçage, essorage, séchage, apprêts, cylindrage, calandrage, glaçage, etc.

HISTOIRE DES PARFUMS
ET HYGIÈNE DE LA TOILETTE
POUDRES, VINAIGRES, DENTIFRICES, FARDS, TEINTURES, COSMÉTIQUES, ETC.

Par S. PIESSE
Chimiste-parfumeur à Londres.

Édition française.

Par F. CHARDIN-HADANCOURT et H. MASSIGNON
Parfumeurs à Paris et à Cannes.

et G. HALPHEN
Chimiste au Laboratoire du Ministère du Commerce.

1 vol. in-16, de 372 pages, avec 70 figures, cartonné. . . **4 fr.**

La parfumerie à travers les siècles; histoire naturelle des parfums d'origine végétale et d'origine animale; hygiène des parfums et des cosmétiques; hygiène des cheveux et préparations épilatoires; poudres et eaux dentifrices; teintures, fards, rouges, etc.

CHIMIE DES PARFUMS
ET FABRICATION DES SAVONS
ODEURS, ESSENCES, SACHETS, EAUX AROMATIQUES, POMMADES, ETC,

Par S. PIESSE
Chimiste-parfumeur à Londres.

Édition française.

Par F. CHARDIN-HADANCOURT, H. MASSIGNON et G. HALPHEN

1 vol. in-16, de 360 pages, avec 80 figures, cartonné. . .. **4 fr.**

Extraction des parfums; propriétés, analyse, falsifications des essences; essences artificielles; applications de la chimie organique à la parfumerie; fabrication des savons; études des substances employées en parfumerie; formules et recettes pour essences, extraits, bouquets, eaux composées, poudres, etc.

LA FABRICATION DES LIQUEURS ET DES CONSERVES
Par J. de BREVANS
Chimiste principal au Laboratoire municipal de Paris.

1 vol. in-16, de 320 pages, avec 52 figures, cartonné. . . **4 fr.**

L'alcool; la distillation des vins et des alcools d'industrie; la purification et la rectification; les liqueurs naturelles; les eaux-de-vie de vins et de fruits; le rhum et le tafia; les eaux-de-vie de grains; les liqueurs artificielles; les matières premières : les essences, les esprits aromatiques les alcoolats, les teintures, les alcoolatures, les eaux distillées, les sucs, les sirops, les matières colorantes; les liqueurs par distillation et par infusion; les liqueurs par essences; vins aromatisés et hydromels; punchs; les conserves; les fruits à l'eau-de-vie et les conserves de fruits; analyse et falsifications des alcools et des liqueurs; législation et commerce.

LES INDUSTRIES D'AMATEURS

LE PAPIER ET LA TOILE, LA TERRE, LA CIRE, LE VERRE ET LA PORCELAINE, LE BOIS, LES MÉTAUX

Par H. de GRAFFIGNY

1 vol. in-16, de 365 pages, avec 395 figures, cartonné. . . 4 fr.

Cartonnages; papiers de tenture; encadrements; masques; brochage et reliure: fleurs artificielles; aérostats; feux d'artifices : modelage; moulage; gravure sur verre; peinture de vitraux; mosaiques : menuiserie; tour; découpage du bois; marqueterie et placage : serrurerie; gravure en taille-douce; mécanique; électricité; galvanoplastie; horlogerie.

L'ART DE L'ESSAYEUR

Par A. RICHE
Directeur des essais à la Monnaie de Paris.

Et E. GÉLIS
Ingénieur des Arts et Manufactures.

1 vol. in-16, de 384 pages, avec 94 figures, cartonné. . . 4 fr.

Principales opérations : fourneaux; vases; connaissances théoriques générales; agents et réactifs; argent; or; platine; palladium : plomb; mercure; cuivre; étain; antimoine; arsenic; nickel; cobalt; zinc; aluminium; fer.

MONNAIE, MÉDAILLES ET BIJOUX

ESSAI ET CONTROLE DES OUVRAGES D'OR ET D'ARGENT

Par A. RICHE
Directeur des essais à la Monnaie de Paris

1 vol. in-16, de 396 pages, avec 66 figures, cartonné. . . 4 fr.

La monnaie à travers les âges; les systèmes monétaires : l'or et l'argent; extraction; affinage; fabrication des monnaies; la fausse monnaie; les médailles et les bijoux jusqu'à la fin du xviiie siècle et sous le régime actuel; la garantie et le contrôle en France et à l'étranger.

L'ÉLECTRICITÉ A LA MAISON

Par Julien LEFÈVRE
Professeur à l'École des sciences de Nantes.

1 vol. in-16, de 396 pages, avec 203 figures, cartonné. . . 4 fr.

Production de l'électricité; piles; accumulateurs; machines dynamos; lampes à incandescence; régulateurs; bougies; allumoirs; sonneries; avertisseurs automatiques; horlogeries; réveille-matin; compteurs d'électricité; téléphones et microphones; moteurs; locomotion électrique; bijoux; récréations électriques; paratonnerres.

L'AMATEUR D'INSECTES

CARACTÈRES ET MŒURS DES INSECTES

CHASSE, PRÉPARATION ET CONSERVATION DES COLLECTIONS

Par Ph. MONTILLOT

Membre de la Société entomologique de France

1 vol. in-16, de 350 pages, avec 100 figures, cartonné.. . 4 fr.

Organisation des insectes; histoire, distribution géographique et classification des insectes; chasse et récolte des insectes; ustensiles, pièges et procédés de capture; description, mœurs et habitat des Coléoptères, des Orthoptères, des Névroptères; des Hyménoptères, des Lépidoptères, des Hémiptères, des Diptères; les collections : rangement et conservation.

LA PISCICULTURE EN EAUX DOUCES

Par A. GOBIN

Professeur départemental d'agriculture du Jura.

1 vol. in-16, de 360 pages, avec 93 figures, cartonné. . . 4 fr.

Les eaux douces; les poissons; la production naturelle; les procédés de la pisciculture; l'exploitation des lacs; les eaux saumâtres; acclimatation des poissons de mer en eaux douces et inversement; faunule des poissons d'eau douce de la France.

M. A. Gobin a réuni toutes les notions indispensables à ceux qui veulent s'initier à la pratique de cette industrie renaissante de la pisciculture. il étudie successivement les poissons au point de vue d'une anatomie et d'une physiologie sommaire, mais suffisante ; puis il passe en revue les milieux dans lesquels les poissons doivent vivre, c'est-à-dire l'eau en général et les eaux en particulier. De bons chapitres sont consacrés aux ennemis et aux parasites des poissons, à leurs aliments végétaux et animaux, à leurs mœurs, aux circonstances de leur reproduction, aux modifications de milieux qu'ils peuvent physiologiquement supporter pour une reproduction plus économique, etc. (*Revue scientifique*, 19 août 1889).

GUIDE PRATIQUE DE L'ÉLEVAGE DU CHEVAL

Par L. RÉLIER

Vétérinaire principal au Haras national de Pompadour.

1 vol. in-16, de 388 pages, avec 128 figures, cartonné.. . 4 fr.

Organisation et fonctions, extérieur (régions, aplombs, proportions, mouvements, allures, âge, robes, signalements, examen du cheval en vente); hygiène (différences individuelles, agents hygiéniques, maréchalerie); reproduction et élevage (art des accouplements).

M. Relier a résumé, sous une forme très concise et très claire, toutes les connaissances indispensables à l'homme de cheval. Ce livre est destiné aux propriétaires, cultivateurs, fermiers, ainsi qu'aux palefreniers des haras, qui y trouveront les renseignements dont ils ont sans cesse besoin pour l'accomplissement de leur tâche. (*La France chevaline*, 4 mai 1889).

ENVOI FRANCO CONTRE UN MANDAT SUR LA POSTE.

LES SECRETS DE LA SCIENCE ET DE L'INDUSTRIE

RECETTES FORMULES ET PROCÉDÉS

D'UNE UTILITÉ GÉNÉRALE ET D'UNE APPLICATION JOURNALIÈRE

Par le professeur A. HÉRAUD

1 vol. in-16, de 366 pages, avec 165 figures, cartonné. . 4 fr.

L'électricité; les machines; les métaux; le bois; les tissus; la teinture; les produits chimiques; l'orfèvrerie; la céramique; la verrerie; les arts décoratifs; les arts graphiques.

LES SECRETS DE L'ÉCONOMIE DOMESTIQUE

A LA VILLE ET A LA CAMPAGNE

RECETTES FORMULES ET PROCÉDÉS

D'UNE UTILITÉ GÉNÉRALE ET D'UNE APPLICATION JOURNALIÈRE

Par le professeur A. HÉRAUD

1 vol. in-16, de 384 pages, avec 241 figures, cartonné. . 4 fr.

L'habitation; le chauffage; les meubles; le linge; les vêtements; la toilette, l'entretien; le nettoyage et la réparation des objets domestiques; les chevaux et les voitures; les animaux et les plantes d'appartements; la serre et le jardin, la destruction des animaux nuisibles.

LES SECRETS DE L'ALIMENTATION

RECETTES, FORMULES ET PROCÉDÉS

D'UNE UTILITÉ GÉNÉRALE ET D'UNE APPLICATION JOURNALIÈRE

Par le professeur A. HÉRAUD

1 vol. in-16, de 360 pages, avec 150 figures, cartonné. . . 4 fr.

Le pain, la viande, les légumes, les fruits; l'eau, le vin, la bière, les liqueurs; la cave, la cuisine, l'office, le fruitier, la salle à manger, etc.

Ces trois ouvrages de M. le professeur Héraud contiennent une foule de renseignements que l'on ne trouverait qu'en consultant un grand nombre d'ouvrages différents. C'est une petite encyclopédie qui a sa place marquée dans la bibliothèque de l'industriel et du praticien. M. Héraud met à contribution toutes les sciences pour en tirer les notions pratiques qui peuvent êtres utiles. De là, des recettes, des formules, des conseils de toute sorte et l'énumération de tous les procédés applicables à l'exécution des diverses opérations que l'on peut vouloir tenter soi-même.

ENVOI FRANCO CONTRE UN MANDAT SUR LA POSTE.

LE PETIT JARDIN

Par D. BOIS
Aide-naturaliste de la chaire de culture au Muséum.

1 vol in-16, de 352 pages, avec 149 figures, cartonné. . . 4 fr.

Création et entretien du petit jardin; les instruments; le sol; les engrais; l'eau ; la multiplication; les semis; le greffage; le bouturage; la taille des arbres; le jardin d'agrément; le jardin fruitier; le jardin potager; les travaux mois par mois; les maladies des plantes et les animaux nuisibles.

LES PLANTES D'APPARTEMENT

Par D. BOIS

1 vol. in-16, de 360 pages, avec 150 figures, cartonné. . 4 fr.

Les palmiers, les fougères, les orchidées, les plantes aquatiques; les corbeilles et les bouquets; les plantes de fenêtres; le jardin d'hiver; culture en pots; conservation des plantes en hiver; choix des plantes et arbrisseaux d'ornement suivant leur destination, etc.

LES ARBRES FRUITIERS

Par G. BELLAIR
Professeur à la Société d'horticulture.

1 vol. in-16, de 360 pages, avec 100 figures, cartonné.. . 4 fr.

Le matériel et les procédés de culture; les cultures spéciales; la vigne; le poirier, le pommier, le pêcher, le prunier, le cerisier, etc.; restauration des arbres fruitiers; conservation des fruits.

LES MALADIES DE LA VIGNE
ET LES MEILLEURS CÉPAGES FRANÇAIS ET AMÉRICAINS
Par J. BEL

1 vol. in-16, avec 50 figures, cartonné. . . . . 4 fr.

Ce petit volume sera certainement consulté avec profit par de nombreux lecteurs, qu'intéressent plus ou moins directement les questions se rapportant à la viticulture. A côté des études personnelles de l'auteur, ils y trouveront des remarques importantes dues à des savants très compétents, les résultats obtenus dans les écoles départementales de viticulture, ainsi que ceux des essais faits chez les viticulteurs les plus éminents du midi de la France. Ajoutons que cet ouvrage, très substantiel, contient de nombreuses figures représentant l'aspect des principales maladies de la vigne et les principaux cépages, ces dernières, fort intéressantes, sont la reproduction exacte de photographies. *(Revue scientifique, 2 décembre 1889).*

ENVOI FRANCO CONTRE UN MANDAT SUR LA POSTE

LES ANIMAUX DE LA FERME

Par E. GUYOT
Agronome éleveur,

1 vol. in-16, de 344 pages, avec 146 figures, cartonné. . . 4 fr.

Anatomie, physiologie et fonctions des animaux domestiques ; utilisation ; valeur
économique ; le cheval, le bœuf, le mouton, le porc ; races, alimentation, reproduction, amélioration, maladies, logements ; le chien et le chat ; poules, dindons,
pigeons, canards, oies, lapins, abeilles.

Le but de ce livre est de rendre service aux praticiens qui ne peuvent se livrer à de lon-
gues recherches faute de temps et de livres et qui veulent trouver réunis et condensés tous
les faits dont ils ont besoin.   *(Journal d'agriculture, 10 décembre 1889.)*

Résumer tout ce que l'on sait sur ros différentes espèces d'animaux domestiques et leurs
nombreuses races, sur leur anatomie, leur physiologie, leur hygiène, leurs maladies, etc.,
était une œuvre difficile ; aussi le livre pourra-t-il être très utilement placé dans les biblio-
thèques rurales.   *(L'Éleveur, 15 décembre 1889.)*

CONSTRUCTIONS AGRICOLES

ET ARCHITECTURE RURALE

Par J. BUCHARD
Ingénieur agronome

1 vol. in-16, de 392 pages, avec 143 figures, cartonné. . . 4 fr.

Matériaux de construction ; préparation et emploi ; maisons d'habitation ; hygiène
rurale, étables, écuries, bergeries, porcheries, basses-cours, granges, maga-
sins à grains et à fourrages, laiteries, cuveries, pressoirs, magnaneries, fon-
taines, abreuvoirs, citernes, pompes hydrauliques agricoles ; drainage ; disposition générale des bâtiments, alignements, mitoyenneté et servitudes ; devis
et prix de revient.

L'INDUSTRIE LAITIÈRE

LE LAIT, LE BEURRE ET LE FROMAGE

Par E. FERVILLE
Chimiste agronome

1 vol. in-16, de 384 pages, avec 87 figures, cartonné. . . 4 fr.

Le lait ; essayage ; vente ; lait condensé ; le beurre ; la crème ; système Swartz,
écrémeuses centrifuges ; barattage ; délaitage mécanique ; margarine ; fromages
frais et affinés, fromages pressés et cuits ; construction des laiteries ; compta-
bilité ; enseignement.

ENVOI FRANCO CONTRE UN MANDAT SUR LA POSTE

NOUVELLE MÉDECINE DES FAMILLES

A LA VILLE ET A LA CAMPAGNE

A L'USAGE DES FAMILLES, DES MAISONS D'ÉDUCATION, DES ÉCOLES COMMUNALES,
DES CURÉS, DES SŒURS HOSPITALIÈRES, DES DAMES DE CHARITÉ
ET DE TOUTES LES PERSONNES BIENFAISANTES QUI SE DÉVOUENT
AU SOULAGEMENT DES MALADES

Par le docteur A.-C. de SAINT-VINCENT

Neuvième édition, revue et corrigée.

1 vol. in-16, de 448 pages, avec 142 figures, cartonné. . 4 fr.

Remèdes sous la main; premiers soins avant l'arrivée du médecin et du chirurgien; art de soigner les malades et les convalescents.

Ce livre est le résultat d'une pratique de quinze ans à la campagne et à la ville. En le rédigeant, l'auteur a eu pour but de mettre entre les mains des personnes bienfaisantes qui se dévouent au soulagement de nos misères physiques, qui vivent souvent loin d'un médecin ou d'un pharmacien, et qui sont appelées non pas seulement à donner des consolations, mais encore des conseils, un ouvrage tout à fait élémentaire et pratique, un guide sûr pour les soins à donner aux malades et aux convalescents

A la ville comme à la campagne, on n'a pas toujours le médecin près de soi, ou au moins aussitôt qu'on le désirerait; souvent même on néglige de recourir à ses soins pour une simple indisposition, dans les premiers jours d'une maladie. Pour obvier à ces inconvénients, l'auteur a donné la description des maladies communes; il en a fait connaître les symptômes et les a fait suivre du traitement approprié, éloignant avec soin les formules compliquées dont les médecins seuls connaissent l'application.

PREMIERS SECOURS

EN CAS D'ACCIDENTS ET D'INDISPOSITIONS SUBITES

PAR LES DOCTEURS

E. FERRAND et **A. DELPECH**

Ancien interne des Hôpitaux de Paris.   Membre de l'Académie de médecine.

Troisième édition.

1 vol. in-16, de 342 pages, avec 86 figures, cartonné. . . 4 fr.

Les empoisonnés, les noyés, les asphyxiés, les blessés de la rue, de l'usine et de l'atelier; les maladies à invasion subite; les premiers symptômes de maladies contagieuses.

LA PRATIQUE DE L'HOMÉOPATHIE SIMPLIFIÉE

Par A. ESPANET

Troisième édition.

1 vol. in-16, de 440 pages, cartonné. . . . . 4 fr.

Signes et nature des maladies; traitement homéopathique; prophylaxie; mode d'administration des médicaments; soins aux malades et aux convalescents.

ENVOI FRANCO CONTRE UN MANDAT SUR LA POSTE

CONSEILS AUX MÈRES

SUR LA MANIÈRE D'ÉLEVER LES ENFANTS NOUVEAU-NÉS

Par le docteur A. DONNÉ

Septième édition.

1 vol. in-16, de 378 pages, cartonné.. . . . . 4 fr.

Hygiène de la mère pendant la grossesse; allaitement maternel; nourrices; biberons; sevrage; régime alimentaire; vêtements; sommeil; dentition; séjour à la campagne; accidents et maladies; développement intellectuel et moral.

PHYSIOLOGIE ET HYGIÈNE

DES ÉCOLES, DES COLLÈGES ET DES FAMILLES

Par le professeur J.-C. DALTON

1 vol. in-16, de 534 pages, avec 68 figures, cartonné. . . 4 fr.

Structure et mécanisme de la machine animale; les aliments et la digestion; la respiration: le sang et la circulation; le système nerveux et les organes des sens; le développement de l'enfance.

LA GYMNASTIQUE ET LES EXERCICES PHYSIQUES

Par le docteur LEBLOND

Préface par le docteur H. BOUVIER

Membre de l'Académie de médecine et de la Commission de gymnastique au Ministère de l'instruction publique.

1 vol. in-16 de 492 pages, avec 80 figures, cartonné. . . 4 fr.

Marche; course; danse; natation; escrime, équitation; chasse; massage; exercices gymnastiques; applications au développement des forces, à la conservation de la santé et au traitement des maladies.

L'ART DE PROLONGER LA VIE

Par le docteur HUFELAND

1 vol. in 16 de 660 pages. . . . . 4 fr.

Durée de la vie humaine. Causes qui abrègent la vie : éducation, excès, maladies, air vicié, affections et passions, imagination, poisons et virus, etc. Moyens de prolonger la vie : hérédité, éducation, amour, mariage, sommeil, exercice, vie à la campagne, voyages, propreté, bon régime, calme de l'esprit, jouissances intellectuelles et sensuelles, etc.

NOUVEAU DICTIONNAIRE DE CHIMIE
Illustré de figures intercalées dans le texte
COMPRENANT
LES APPLICATIONS AUX SCIENCES, AUX ARTS, A L'AGRICULTURE ET A L'INDUSTRIE
A L'USAGE DES CHIMISTES, DES INDUSTRIELS,
DES FABRICANTS DE PRODUITS CHIMIQUES, DES AGRICULTEURS, DES MÉDECINS,
DES PHARMACIENS, DES LABORATOIRES MUNICIPAUX,
DE L'ÉCOLE CENTRALE, DE L'ÉCOLE DES MINES, DES ÉCOLES DE CHIMIE, ETC.

Par Émile BOUANT
Agrégé des sciences physiques, Professeur au lycée de Charlemagne
Avec une Introduction par M. TROOST (de l'Institut)

1 volume in-8 de 1160 pages, avec 639 figures. . . . . 25 fr.

Sans négliger l'exposition des théories générales, dont on ne saurait se passer pour comprendre et coordoner les faits, l'auteur s'est astreint cependant à rester le plus possible sur le terrain de la chimie pratique. Les préparations, les propriétés, l'analyse des corps usuels sont indiquées avec tous les développements nécessaires. Les fabrications industrielles sont décrites de façon à donner une idée précise des méthodes et des appareils.

La difficulté était grande de condenser tous les faits chimiques en un seul volume. Il fallait, en outre, tout en restant rigoureusement scientifique, dégager les faits de l'effrayant cortège des termes trop spéciaux et des théories purement hypothétiques. L'auteur a surmonté ces deux difficultés. Le style est d'une élégante précision et tous les développements sont rigoureusement proportionnels à l'importance pratique du sujet traité. On trouvera là, à chaque page, sur les applications des divers corps, des renseignements qu'il faudrait chercher dans cent traités spéciaux qu'on a rarement sous la main.

Enfin cet ouvrage a l'avantage de présenter un tableau complet de l'état actuel de la science.

JEUX ET RÉCRÉATIONS SCIENTIFIQUES
APPLICATIONS USUELLES
DES MATHÉMATIQUES, DE LA PHYSIQUE, DE LA CHIMIE ET DE L'HISTOIRE NATURELLE
Par le docteur A. HÉRAUD

1 vol. in-18 jésus de 700 pages, avec 250 figures, cartonné. . 6 fr.

Les infiniment petits, le microscope, récréations botaniques, illusions des sens, les trois états de la matière. les propriétés des corps, les forces et les actions moléculaires, équilibre et mouvement des fluides, la chaleur, le son, la lumière, l'électricité statique, le magnétisme, l'électricité dynamique, récréations chimiques, les gaz, les combustions, les corps explosifs, la cristallisation, les précipités, les liquides colorés, les décolorations, les écritures secrètes, récréations mathématiques, propriétés des nombres, le jeu du Taquin, récréations astronomiques et géométriques, jeux mathématiques et jeux de hasard.

ENVOI FRANCO CONTRE UN MANDAT SUR LA POSTE

CHIMIE

LE LAIT
ÉTUDES CHIMIQUES ET MICROBIOLOGIQUES
Par DUCLAUX

Professeur à la Faculté des sciences de Paris.

1 vol. in-16 de 336 pages, avec figures. . . . . . . 3 fr. 60

LES THÉORIES ET LES NOTATIONS DE LA CHIMIE
MODERNE
Par Antoine de SAPORTA

Introduction par C. FRIEDEL, membre de l'Institut

1 vol. in-16. . . . . 3 fr. 50

LA COLORATION DES VINS
PAR LES COULEURS DE LA HOUILLE. MÉTHODES ANALYTIQUES
ET MARCHE SYSTÉMATIQUE
POUR RECONNAITRE LA NATURE DE LA COLORATION
Par P. CAZENEUVE

Professeur à la Faculté de Lyon.

1 vol. in-16, avec 1 planche. . . . . 3 fr. 50

FERMENTS ET FERMENTATIONS
ÉTUDE BIOLOGIQUE DES FERMENTS. ROLE DES FERMENTATIONS
DANS LA NATURE ET DANS L'INDUSTRIE
Par Léon GARNIER

Professeur à la Faculté de Nancy.

1 vol. in-16, avec 65 figures. . . . . 3 fr. 50

L'ALCOOL
AU POINT DE VUE CHIMIQUE, AGRICOLE, INDUSTRIEL,
HYGIÉNIQUE ET FISCAL
Par A. LARBALETRIER

Professeur à l'École d'agriculture du Pas-de-Calais.

1 vol. in-16, avec 62 figures. . . . . 3 fr. 50

PHYSIQUE

LE MICROSCOPE
ET SES APPLICATIONS A L'ÉTUDE DES ANIMAUX ET DES VÉGÉTAUX
Par Ed. COUVREUR
Chef des Travaux de physiologie à la Faculté des Sciences de Lyon.
1 vol. in-16, avec 112 figures. . . . . 3 fr. 50

LA LUMIÈRE ET LES COULEURS
AU POINT DE VUE PHYSIOLOGIQUE
Par Aug. CHARPENTIER
Professeur à la Faculté de Nancy.
1 vol. in-16, avec 22 figures. . . . . 3 fr. 50

LES ANOMALIES DE LA VISION
Par IMBERT
Professeur à la Faculté de Montpellier
Introduction par **E. JAVAL**, membre de l'Académie de médecine.
1 vol. in-16 de 363 pages, avec 48 figures. . . . . . . 3 fr. 50

LES COULEURS
AU POINT DE VUE PHYSIQUE, PHYSIOLOGIQUE, ARTISTIQUE ET INDUSTRIEL
Par E. BRUCKE
Professeur à l'Université de Vienne.
1 vol. gr. in-8 de 344 pages, avec 46 figures. . . . 3 fr. 50

ART MILITAIRE

L'ARTILLERIE ACTUELLE
EN FRANCE ET A L'ÉTRANGER, CANONS, FUSILS, POUDRES ET PROJECTILES
Par le Colonel GUN
1 vol. in-16, avec 96 figures. . . . . 3 fr. 50

L'ÉLECTRICITÉ
APPLIQUÉE A L'ART MILITAIRE
Par le Colonel GUN
1 vol. in-16, avec figures. . . . . 3 fr. 50

ENVOI FRANCO CONTRE UN MANDAT SUR LA POSTE

INDUSTRIE

LA LUMIÈRE ÉLECTRIQUE
GÉNÉRATEURS, FOYERS, DISTRIBUTION, APPLICATIONS
Par L. MONTILLOT
Directeur de télégraphie militaire.

1 vol. in-16 de 406 pages, avec 190 figures. . . . . . 3 fr. 50

LA PHOTOGRAPHIE
ET SES APPLICATIONS AUX SCIENCES, AUX ARTS ET A L'INDUSTRIE
Par Julien LEFÈVRE
Professeur à l'École des sciences

1 vol. in-16, avec 93 figures et 3 photographies. . . 3 fr. 50

LA GALVANOPLASTIE
LE NICKELAGE, LA DORURE, L'ARGENTURE
ET L'ÉLECTRO-MÉTALLURGIE
Par E. BOUANT
Agrégé des sciences physiques

1 vol. in-16, avec 34 figures. . . . . 3 fr. 50

LA NAVIGATION AÉRIENNE
ET LES BALLONS DIRIGEABLES
Par H. de GRAFFIGNY

1 vol. in-16 de 344 pages, avec 43 figures. . . . . . 3 fr. 50

LA TÉLÉGRAPHIE ACTUELLE
EN FRANCE ET A L'ÉTRANGER
LIGNES, RÉSEAUX, APPAREILS, TÉLÉPHONES
Par L. MONTILLOT
Directeur de télégraphie militaire.

1 vol. in-16 de 334 pages, avec 131 figures. . . . . 3 fr. 50

LES MERVEILLES DE LA NATURE

L'HOMME ET LES ANIMAUX
Par A.-E. BREHM

DESCRIPTION POPULAIRE DES RACES HUMAINES ET DU RÈGNE ANIMAL
CARACTÈRES, MŒURS, INSTINCTS, HABITUDES ET RÉGIME
CHASSES, COMBATS, CAPTIVITÉ, DOMESTICITÉ, ACCLIMATATION, USAGE ET PRODUITS

10 volumes grand in-8 de chacun 800 pages,
avec environ 6.000 figures intercalées dans le texte et 176 planches
tirées hors texte sur papier teinté.. . . . . . 110 fr.

Chaque volume se vend séparément

Broché. . . . . 11 fr.
Relié en demi-chagrin, plats toile, tranches dorées. . . 16 fr.

LES RACES HUMAINES
ÉDITION FRANÇAISE PAR R. VERNEAU

1 vol. gr. in-8, avec 500 figures . . . . 11 fr.

LES MAMMIFÈRES
ÉDITION FRANÇAISE PAR Z. GERBE

2 vol. gr. in-8, avec 770 figures et 40 planches. . . . 22 fr.

LES OISEAUX
ÉDITION FRANÇAISE PAR Z. GERBE

2 vol. gr. in-8, avec 500 figures et 40 planches. . . . 22 fr.

LES REPTILES ET LES BATRACIENS
ÉDITION FRANÇAISE PAR E. SAUVAGE

1 vol. gr. in-8, avec 600 figures et 20 planches. . . . 11 fr.

LES POISSONS ET LES CRUSTACÉS
ÉDITION FRANÇAISE, PAR E. SAUVAGE ET J. KUNCKEL D'HERCULAIS

1 vol. gr. in-8 de 750 p. avec 524 figures et 20 planches. 11 fr.

LES INSECTES
LES MYRIAPODES, LES ARACHNIDES
ÉDITION FRANÇAISE PAR J. KUNCKEL D'HERCULAIS

2 vol. gr. in-8, avec 2060 figures et 36 planches. . . . 22 fr.

LES VERS, LES MOLLUSQUES
LES ÉCHINODERMES, LES ZOOPHYTES, LES PROTOZOAIRES
ET LES ANIMAUX DES GRANDES PROFONDEURS
ÉDITION FRANÇAISE PAR A.-T. DE ROCHEBRUNE

1 vol. gr. in-8, avec 1200 figures et 20 planches. . . . 11 fr.

ENVOI FRANCO CONTRE UN MANDAT SUR LA POSTE

G. DALLET

LE MONDE VU PAR LES SAVANTS

DU XIXe SIÈCLE

Illustré de 800 figures

Un splendide volume de 1100 pages gr. in-8 à deux colonnes

Broché, sous couverture artistique. . . . . 18 fr.

Cartonné, tranches dorées. . . . . 22 fr.

Au moment où la France vient de célébrer les merveilleux progrès de son industrie, il serait injuste de ne pas associer à ce triomphe des ingénieurs et des industriels les savants illustres aux travaux desquels nous devons les conquêtes innombrables que la science a réalisées pendant le siècle qui s'achève, et qui est vraiment le *siècle de la science.*

Le monde que nous habitons offre à nos yeux un merveilleux spectacle; de jour en jour plus étudié et mieux connu, il se présente à nous avec ses tableaux variés qui provoquent notre admiration et dont les savants modernes ont surpris les secrets jusqu'alors impénétrables, grâce aux admirables instruments de travail qui ont décuplé leur puissance d'investigation.

Nous avons pensé qu'il fallait donner la parole aux maîtres eux-mêmes et les laisser exposer leurs découvertes dans ce magnifique langage qui leur est propre et qui porte avec lui le cachet de leur puissante individualité en même temps que de leur lumineuse et persuasive conviction.

Le Monde vu par les savants s'adresse à tous ceux, petits ou grands, qui sont curieux des choses de la nature, qui cherchent dans les lectures sérieuses des joies douces et des émotions vraies, à ceux qui ne possèdent sur l'histoire de notre globe aucune notion positive; il apportera profit et plaisir, une instruction amusante et un amusement instructif; il exercera l'active curiosité de l'enfance; il sera un sujet de méditations pour l'âge mûr; mis à la portée de tous, il répandra partout, au foyer de la famille, les salutaires leçons de la science.

Les figures, semées à profusion et, pour ainsi dire, à chaque page, sont dues à nos meilleurs artistes; elles sont le commentaire vivant de ces tableaux qui se déroulent devant le lecteur.

Cette encyclopépie, où le vrai luxe de l'exécution est uni à un bon marché inusité, constitue à la fois un riche album et un livre intéressant, qui parle à la fois à l'esprit et aux yeux, assez sérieux pour instruire, assez original pour charmer.

Chartres. — Imp. Durand, rue Fulbert.